互联网+新编全功能实战型教材

Photoshop
实训教程

主　编◎章　立　杨　雪　蔡　林
副主编◎赵学斌　王荣江　刘　青　邓益艳　吴丽珊　冯炳亮

北京希望电子出版社
Beijing Hope Electronic Press
www.bhp.com.cn

内容简介

本书共分 11 章，每章分可为三个部分："案例精讲"介绍 Photoshop 在商业设计中的典型案例；"从零起步"讲解本章要学习 Photoshop 的知识点；"拓展案例"提供两个拓展习题，并把主要的步骤一一罗列出来，帮助读者快速掌握设计步骤。

本书采用双线贯穿，一条以具有代表性的商业案例为线索，包括个人名片设计、企业标识设计、户外广告设计、灯箱广告设计、POP 广告设计、时尚插画设计、公益海报设计、图像合成设计、产品包装设计、个性文字设计、水印效果设计等；另一条则以 Photoshop 图像处理的理论知识为线索，包括 Photoshop 基础知识、Photoshop 工具的使用、路径和选区、文字的处理与应用、图层的综合应用、色彩调整基础应用、色彩调整高级应用、通道的综合应用、蒙版的使用、滤镜工具的使用、自动功能的应用和获取原稿的方法等。

本书适合作为应用型本科院校和职业院校相关专业的教材，也可作为培训机构的教学用书及图形图像设计人员的参考用书。

图书在版编目（CIP）数据

Photoshop 实训教程 / 章立，杨雪，蔡林主编. --北京：北京希望电子出版社，2021.2（2023.8 重印）
ISBN 978-7-83002-828-2

Ⅰ. ①P… Ⅱ. ①章… ②杨… ③蔡… Ⅲ. ①图像处理软件—教材 Ⅳ. ①TP391.413

中国版本图书馆 CIP 数据核字（2021）第 025786 号

出版：北京希望电子出版社	封面：赵俊红
地址：北京市海淀区中关村大街 22 号 中科大厦 A 座 10 层	编辑：安　源
	校对：李　萌
邮编：100190	开本：787mm×1092mm　1/16
网址：www.bhp.com.cn	印张：14（全彩印刷）
	字数：332 千字
电话：010-82626270	印刷：唐山唐文印刷有限公司
传真：010-62543892	版次：2023 年 8 月 1 版 2 次印刷

定价：58.00 元

前　言

　　Adobe公司自创建以来，从参与发起桌面出版革命，到提供主流创意工具，以其革命性的产品和技术不断变革和改善着人们思想及交流的方式。今天，无论是在报纸、杂志、广告中看到的，还是从电影、电视及其他数字设备中体验到的，几乎所有的作品制作背后均打上了Adobe软件的烙印。

　　为了满足新形势下的教育需求，在Adobe技术专家、资深教师、一线设计师以及出版社策划人员的共同努力下，共同完成了本次新模式教材的开发工作。本书采用模块化方式编写，通过案例实训的讲解，帮助读者掌握就业岗位工作技能，提升动手能力，以提高就业竞争力。

　　本书共分11章，具体如下。

　　第1章　个人名片设计

　　第2章　企业标识设计

　　第3章　户外广告设计

　　第4章　灯箱广告设计

　　第5章　POP广告设计

　　第6章　时尚插画设计

　　第7章　公益海报设计

　　第8章　图像合成设计

　　第9章　产品包装设计

　　第10章　个性文字设计

　　第11章　水印效果设计

　　本书特色鲜明，侧重于综合职业能力与职业素养的培养，融"教、学、做"为一体，适合应用型本科院校、职业院校和培训机构作为教材使用。本书还提供配套教学资料内容（含素材课件、视频），方便教师、学生使用。

本书由江西旅游商贸职业学院的章立、安顺城市服务职业学校的杨雪和贵州省余庆县中等职业学校的蔡林担任主编，由阿克苏地区库车中等职业技术学校的赵学斌、安顺城市服务职业学校的王荣江、盘州市职业技术学校的刘青和邓益艳、广东省民政职业技术学校的吴丽珊和广州通用职业技术学校的冯炳亮担任副主编。本书的相关资料和售后服务可扫封底的微信二维码或登录www.bjzzwh.com获得。

由于编者水平有限，书中难免有疏漏之处，恳请广大读者批评指正。

编者

Contents 目录

第1章 个人名片设计

【实训精讲】超市经理的名片设计 … 002
【从零起步】 … 005
1.1 Photoshop CS6的基本操作 … 005
  1.1.1 图像文件的操作 … 005
  1.1.2 画布和图像的调整 … 008
  1.1.3 辅助工具的使用 … 009
1.2 图像的裁切、度量及注释 … 012
  1.2.1 图像的裁切 … 012
  1.2.2 图像的度量 … 013
  1.2.3 图像的注释 … 014
【拓展实训】 … 015
拓展实训1：裁切图像 … 015
拓展实训2：自制证件照 … 016

第2章 企业标识设计

【实训精讲】房地产项目的标志设计 018
【从零起步】 … 025
2.1 选择工具的应用 … 025
  2.1.1 选框工具 … 025
  2.1.2 套索工具 … 026
  2.1.3 多边形套索工具 … 027
  2.1.4 磁性套索工具 … 027
  2.1.5 魔棒工具 … 028
  2.1.6 移动工具 … 029
2.2 选区的编辑 … 029
  2.2.1 创建选区 … 029
  2.2.2 修改选区 … 031
  2.2.3 变换选区 … 033
  2.2.4 存储选区 … 034
  2.2.5 载入选区 … 034
2.3 特殊颜色效果的调整 … 034
  2.3.1 黑白 … 035
  2.3.2 去色 … 035
  2.3.3 反相 … 036
  2.3.4 渐变映射 … 036
  2.3.5 阈值 … 037
【拓展实训】 … 038
拓展实训1：绘制环保标志 … 038
拓展实训2：去除图像的色彩 … 038

第3章 户外广告设计

【实训精讲】
"海之产"墙面漆户外广告设计 … 040
【从零起步】 … 046
3.1 图层简介 … 046
  3.1.1 图层的类型 … 046
  3.1.2 "图层"面板 … 047
3.2 图层的基本操作 … 048
  3.2.1 新建图层 … 048
  3.2.2 复制图层 … 048
  3.2.3 重命名图层 … 049
  3.2.4 锁定/解锁图层 … 049
  3.2.5 合并图层 … 049
3.3 图层的高级操作 … 050
  3.3.1 图层的混合操作 … 050
  3.3.2 图层样式的应用 … 056
【拓展实训】 … 062

拓展实训1：制作荧光字 …………… 062
拓展实训2：为照片添加边框 ………… 062

第4章 灯箱广告设计

【实训精讲】
"竹叶香"粽子系列灯箱广告设计…… 064

【从零起步】 068
4.1 输入文字 068
4.1.1 文字工具组 …………… 068
4.1.2 输入点文字 …………… 069
4.1.3 输入段落文字 ………… 070
4.2 设置文字格式 070
4.2.1 "字符"面板 …………… 071
4.2.2 设置文字格式 ………… 071
4.2.3 设置文字效果 ………… 073
4.2.4 设置段落格式 ………… 074
4.3 编辑文本内容 075
4.3.1 栅格化文字图层 ……… 075
4.3.2 变形文字 ……………… 076
4.3.3 将文字转换为工作路径… 076
4.3.4 沿路径绕排文字 ……… 077

【拓展实训】 078
拓展实训1：制作立体文字效果 …… 078
拓展实训2：制作一个简单的菜单文件 078

第5章 POP广告设计

【实训精讲】
"乐派"平板电脑POP广告设计 …… 080

【从零起步】 084
5.1 画笔工具组 084
5.1.1 画笔工具 ……………… 084
5.1.2 铅笔工具 ……………… 087
5.1.3 颜色替换工具 ………… 087

5.1.4 混合器画笔工具………… 088
5.2 形状工具组 089
5.2.1 矩形工具和圆角矩形工具 089
5.2.2 椭圆工具 ……………… 090
5.2.3 多边形工具 …………… 090
5.2.4 直线工具 ……………… 090
5.2.5 自定形状工具 ………… 091
5.3 橡皮擦工具组 092
5.3.1 橡皮擦工具 …………… 092
5.3.2 背景橡皮擦工具 ……… 092
5.3.3 魔术橡皮擦工具 ……… 093
5.4 减淡工具组 093
5.4.1 减淡工具 ……………… 093
5.4.2 加深工具 ……………… 093
5.4.3 海绵工具 ……………… 094
5.5 模糊工具组 095
5.5.1 模糊工具 ……………… 095
5.5.2 锐化工具 ……………… 095
5.5.3 涂抹工具 ……………… 096
5.6 图章工具组 097
5.6.1 仿制图章工具 ………… 097
5.6.2 图案图章工具 ………… 098
5.7 历史记录工具组 098
5.7.1 历史记录画笔工具 …… 099
5.7.2 历史记录艺术画笔工具… 099

【拓展实训】 100
拓展实训1：手绘荷塘美景 ………… 100
拓展实训2：为人物美容 …………… 100

第6章 时尚插画设计

【实训精讲】时尚沙发的插画设计 … 102
【从零起步】 110
6.1 查看图像色彩分布 110
6.1.1 "信息"面板 …………… 110

6.1.2 "直方图"面板 …………… 111
6.1.3 颜色取样器工具 …………… 112
6.2 调整图像色彩 …………… 113
　6.2.1 色彩平衡 …………… 113
　6.2.2 色相/饱和度 …………… 114
　6.2.3 替换颜色 …………… 114
　6.2.4 匹配颜色 …………… 115
　6.2.5 阴影/高光 …………… 116
　6.2.6 曝光度 …………… 117
　6.2.7 通道混合器 …………… 117
6.3 调整图像色调 …………… 118
　6.3.1 色阶 …………… 118
　6.3.2 曲线 …………… 119
　6.3.3 亮度/对比度 …………… 120
　6.3.4 色调均化 …………… 121
　6.3.5 色调分离 …………… 121
【拓展实训】 …………… 122
拓展实训1：为黑白照片上色 …………… 122
拓展实训2：风景照艺术处理 …………… 122

第7章　公益海报设计

【实训精讲】
"保护环境、保护动物"公益海报设计 …………… 124
【从零起步】 …………… 128
7.1 认识路径 …………… 128
7.2 创建路径 …………… 128
　7.2.1 钢笔工具 …………… 128
　7.2.2 自由钢笔工具 …………… 129
　7.2.3 添加锚点工具 …………… 130
　7.2.4 删除锚点工具 …………… 130
7.3 路径的基本操作 …………… 131
　7.3.1 新建路径 …………… 131
　7.3.2 保存路径 …………… 131
　7.3.3 选择路径 …………… 132

7.3.4 复制路径 …………… 133
7.4 应用路径 …………… 134
　7.4.1 路径与选区的互换 …………… 134
　7.4.2 填充路径 …………… 134
　7.4.3 描边路径 …………… 135
【拓展实训】 …………… 136
拓展实训1：制作镂空雕花效果 …………… 136
拓展实训2：制作个性霓虹灯 …………… 136

第8章　图像合成设计

【实训精讲】"墨舞"图像合成 …………… 138
【从零起步】 …………… 143
8.1 通道概述 …………… 143
　8.1.1 通道的类型 …………… 143
　8.1.2 "通道"面板 …………… 144
8.2 通道的基本操作 …………… 145
　8.2.1 创建Alpha通道 …………… 145
　8.2.2 创建专色通道 …………… 146
　8.2.3 分离与合并通道 …………… 146
　8.2.4 复制与删除通道 …………… 148
【拓展实训】 …………… 150
拓展实训1：利用通道技术抠图 …………… 150
拓展实训2：美化人物照 …………… 150

第9章　产品包装设计

【实训精讲】"好滋味咖啡"包装设计 152
【从零起步】 …………… 159
9.1 蒙版概述 …………… 159
　9.1.1 什么是蒙版 …………… 159
　9.1.2 蒙版的创建 …………… 160
9.2 蒙版的基本操作 …………… 161
　9.2.1 添加图层蒙版 …………… 161

9.2.2 编辑图层蒙版 ……………	162	
9.2.3 图层蒙版的停用和启用 …	162	

【拓展实训】 …………………………… 164
拓展实训1：快速抠取人物图像 ……… 164
拓展实训2：制作特殊图像效果 ……… 164

第10章 个性文字设计

【实训精讲】豹纹文字效果设计 …… 166
【从零起步】 ……………………………… 171
10.1 认识滤镜 ………………………… 171
　　10.1.1 什么是滤镜 …………… 171
　　10.1.2 特殊滤镜 ……………… 172
10.2 内部滤镜 ………………………… 176
　　10.2.1 "风格化"滤镜 ……… 176
　　10.2.2 "模糊"滤镜 ………… 180
　　10.2.3 "扭曲"滤镜 ………… 183
　　10.2.4 "锐化"滤镜 ………… 188
　　10.2.5 "视频"滤镜 ………… 189
　　10.2.6 "像素化"滤镜 ……… 189
　　10.2.7 "渲染"滤镜 ………… 190
　　10.2.8 "杂色"滤镜 ………… 191
　　10.2.9 "其它"滤镜 ………… 193
　　10.2.10 "画笔描边"滤镜 …… 195
　　10.2.11 "素描"滤镜 ………… 196
　　10.2.12 "纹理"滤镜 ………… 197

　　10.2.13 "艺术效果"滤镜 …… 198
10.3 外挂滤镜 ………………………… 199
　　10.3.1 外挂滤镜的安装 ……… 200
　　10.3.2 外挂滤镜的使用 ……… 200
【拓展实训】 …………………………… 202
拓展实训1：制作冰效字 ……………… 202
拓展实训2：制作木质纹理效果 ……… 202

第11章 水印效果设计

【实训精讲】批量添加图片水印 …… 204
【从零起步】 ……………………………… 206
11.1 动作与"动作"面板 …………… 206
11.2 应用动作 ………………………… 208
　　11.2.1 应用预设 ……………… 208
　　11.2.2 编辑动作预设 ………… 209
11.3 自动化工具 ……………………… 210
　　11.3.1 批处理图像 …………… 210
　　11.3.2 裁剪并修齐照片 ……… 212
　　11.3.3 镜头校正 ……………… 212
　　11.3.4 Photomerge命令的应用 … 213
　　11.3.5 图像处理器的应用 …… 214
　　11.3.6 条件模式更改 ………… 214
【拓展实训】 …………………………… 216
拓展实训1：制作折扇 ………………… 216
拓展实训2：合成广角镜头下的图像 … 216

第1章
01 个人名片设计

内容概要：
　　Adobe Photoshop是一款专业的图形图像处理软件，Photoshop CS6版本将设计理念提升到一个新的高度，它通过更直观的用户体验、更大的编辑自由度使平面设计者能够更轻松地使用其强大功能。本章将介绍中文版Photoshop CS6的启动、操作界面以及一些新增功能。

知识要点：
- 文件的新建与保存
- 图像的调整
- 图像的裁切
- 画图的调整
- 辅助线的应用
- 图像的度量

课程思政：
　　中华民族具有五千多年文明史，在历史上创造了无数辉煌。近代以后，中国逐步成为半殖民地半封建社会，饱受列强欺凌、四分五裂、战乱频繁、生灵涂炭。在中国共产党成立之后，紧紧团结带领全国各族人民经过百年奋斗，洗雪民族耻辱，中国人民成为自己命运的主人，中华民族迎来了从站起来、富起来到强起来的伟大飞跃，中华民族伟大复兴进入了不可逆转的历史进程。

课时安排：
理论教学1课时
上机实训2课时

实训效果图：

【实训精讲】

超市经理的名片设计

实训描述

本实训所设计的是一张个人名片，画面以渐变的蓝色调为主，凸显科技时代感，画面简洁且突出产品。该实例中的名片效果，可应用于房产、建材、汽配等名片。

实训文件

本实训素材文件和最终文件在"资料\素材文件\第1章"目录下，本实训的操作视频在"资料\操作视频\第1章"目录下。

实训详解

整个名片的设计分为三个部分，首先制作出背景，然后创建名片正面的图像及文字信息，最后是制作名片的背面信息。下面将对本实训的制作过程进行详细讲解。

STEP 01 执行"文件"→"新建"命令，打开"新建"对话框，参照图1-1进行参数设置，设置完成后单击"确定"按钮，即可创建一个新文件。

STEP 02 按Ctrl+R组合键，打开标尺，设置1.5毫米的出血范围，如图1-2所示。

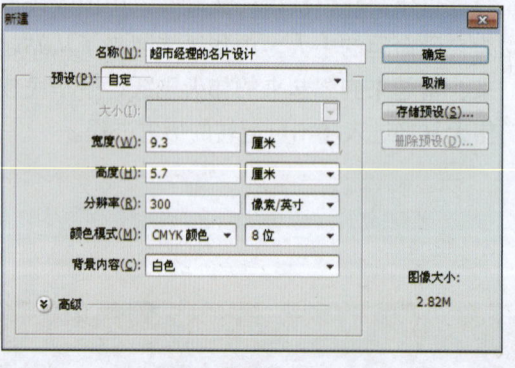
图1-1

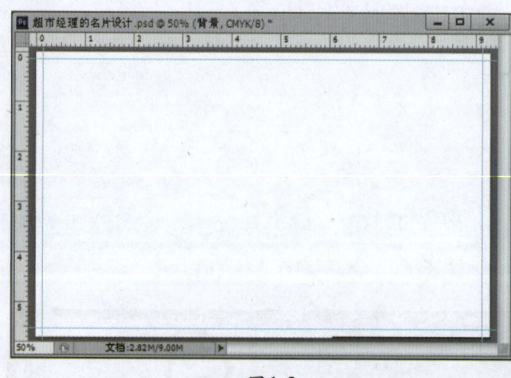
图1-2

STEP 03 新建图层组"组1"，单击"图层"面板底部的"创建新的填充或调整图层"按钮，在弹出的快捷菜单中执行"渐变填充"命令，打开相应的对话框，单击其中的渐变条，打开"渐变编辑器"对话框，编辑渐变背景，如图1-3所示。

STEP 04 打开素材文件"购物车.jpg"，将其拖至正在编辑的文档中，如图1-4所示。随后调整图像的大小及位置。

STEP 05 为购物车所在图层添加图层蒙版，如图1-5所示，在蒙版中绘制渐变，隐藏购物车边缘图像。

第1章 个人名片设计

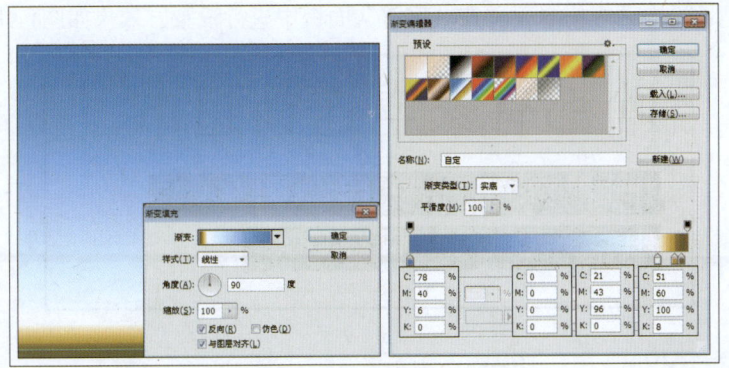

图1-3

图1-4

图1-5

STEP 06 使用横排文字工具 T ,在视图中输入文字,并在"字符"面板中调整字体样式和大小,如图1-6所示。

STEP 07 继续使用横排文字工具在视图中输入文字,设置文字大小为8点,效果如图1-7所示。

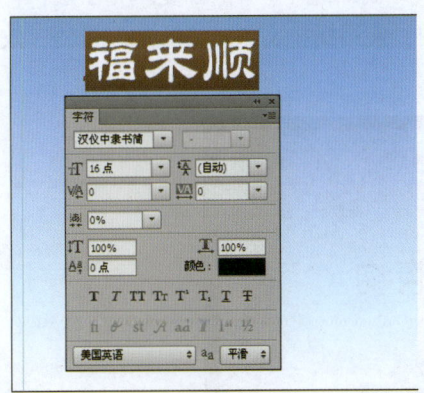

图1-6

图1-7

STEP 08 添加超市的名称,设置文字大小为12点,效果如图1-8所示。

图1-8

STEP 09 添加地址、电话等信息,并在"字符"面板中进行设置,效果如图1-9所示。

图1-9

STEP 10 新建"图层1",使用矩形选框工具 绘制直线,并在右上角添加网址信息,名片正面的最终效果如图1-10所示。

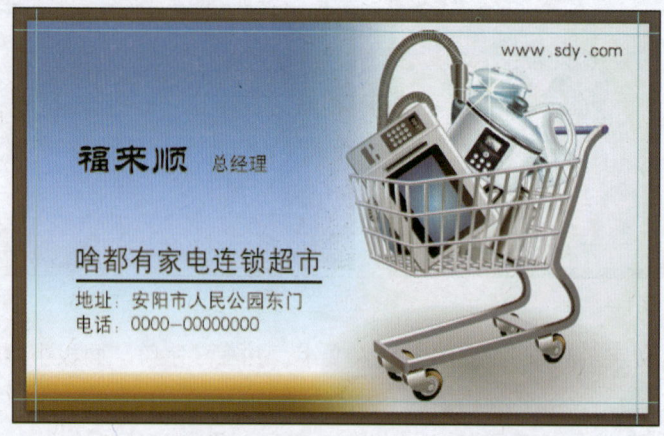

图1-10

STEP 11 接下来制作名片的背面。新建图层组"组2",复制"组1"中的渐变填充图层,将"组1"隐藏,并将复制的渐变填充图层放入"组2"中,使用横排文字工具添加广告语,效果如图1-11所示。

图1-11

STEP 12 新建"图层2",使用矩形选框工具绘制蓝色(R43、G138、B204)装饰条,效果如图1-12所示。

图1-12

STEP 13 继续使用横排文字工具添加其他文字信息,完成该名片的设计工作。名片背面的最终效果如图1-13所示。

图1-13

Ps 【从零起步】

1.1 Photoshop CS6的基本操作

任何一个应用程序的学习都是由浅入深、由易到难的过程,下面先来介绍Photoshop CS6最常用,也是最基本的文件操作。

1.1.1 图像文件的操作

对图像文件可以进行打开、新建、保存及关闭等文件操作。

1. 新建文件

新建图像的操作非常简单,常见的操作方法有以下两种。
- 执行"文件"→"新建"命令。
- 按Ctrl+N组合键。

以上操作均可打开如图1-14所示的"新建"对话框,在其中可设置新文件的名称、尺寸、分辨率、颜色模式及背景。设置完成后单击"确定"按钮,即可创建一个新文件。在新建图像时,必须设置所需的图像分辨率,这是因为如果图像已编辑完成,即使将其设置为高分辨率,也不能改善图像的效果。

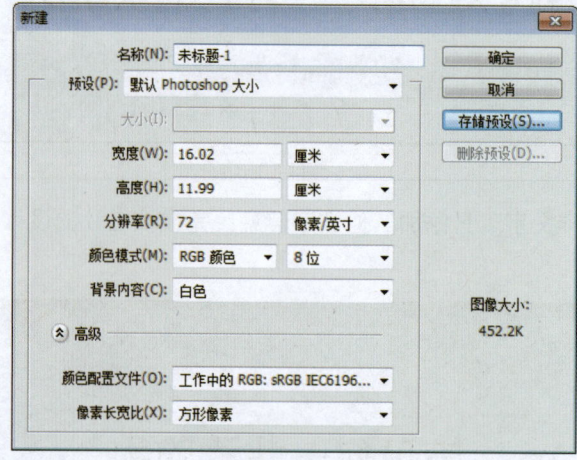

图1-14

 提示

在设置时需要注意分辨率的问题。如果所制作的图像仅用于显示(如作为网页图像),则可将其分辨率设置为72像素/英寸;如果是用于平面设计或者希望进行印刷的彩色图像,其分辨率通常应设为300像素/英寸。

2. 打开文件

打开图像文件有多种方法,常用方法如下所述。

- 执行"文件"→"打开"命令,或按Ctrl+O组合键,均可打开如图1-15所示的"打开"对话框,在其中可以选择要打开的文件,然后单击"打开"按钮即可。
- 双击Photoshop CS6软件的空白处,在打开的"打开"对话框中选择要打开的文件,最后单击"打开"按钮。
- 执行"文件"→"最近打开文件"命令,在弹出的子菜单中进行选择,即可快速打开最近操作过的文件。

图1-15

> **提示**
>
> 在Photoshop中可以一次打开多张图像，但在Photoshop中打开文件的数量是有限的。打开数量取决于当前使用的计算机所拥有的内存和磁盘空间的大小。内存和磁盘空间越大，能打开的文件数量也就越多。

3. 保存文件

保存图像文件的常用命令如下。

- 存储：用当前文件本身的格式保存，快捷键为Ctrl+S。
- 存储为：以不同格式或不同文件名进行保存。该命令主要用于对打开的图像进行编辑后，将文件以其他格式或名称保存，快捷键为Ctrl+Shift+S。
- 存储为Web所用格式：将文件保存为Web文件，而源文件保持不变。

如果对新文件执行前两个命令中的任何一个，或对打开的已有文件执行"存储为"命令，都会打开如图1-16所示的"存储为"对话框。在该对话框中可为文件指定保存位置和文件名，在"格式"下拉列表框中可选择需要的文件格式。

图1-16

根据需要可在"存储选项"选项区中进行必要的设置：若想将文件保存为备份文件，可勾选"作为副本"复选框；如果需要保存图像的Alpha通道，可勾选"Alpha通道"复选框。

如果图像中含有图层，且以后可能要重新进行编辑，则需要保存这些图层的内容，此时建议使用Photoshop自身的格式保存文件。如果以其他格式保存，系统会自动合并图层，这样就失去了反复修改的可能性。

4. 关闭文件

关闭图像文件的方法如下。

- 单击图像标题栏最右端的"关闭"按钮。

- 执行"文件"→"关闭"命令，或按Ctrl+W组合键，关闭当前图像文件。
- 执行"文件"→"全部关闭"命令，或按Ctrl+Alt+W组合键，关闭工作区中打开的所有图像文件。
- 执行"文件"→"退出"命令，或按Ctrl+Q组合键，退出Photoshop应用程序。

如果在关闭图像文件之前，没有保存修改过的图像文件，系统将弹出如图1-17所示的提示信息框，询问是否保存对文件所做的修改，根据需要单击相应按钮即可。

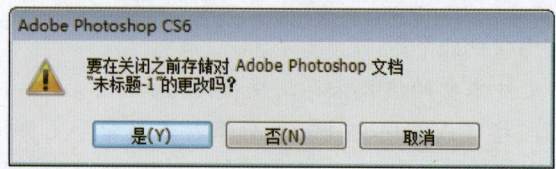

图1-17

1.1.2 画布和图像的调整

在进行图像操作时，图像的初始大小未必始终都满足要求，通常需要在操作过程中对其进行调整。

在Photoshop中，画布和图像是两个不同的概念，初学者极易混淆，这里特作说明。画布是显示、绘制和编辑图像的工作区域。放大画布时，会在图像四周增加空白区域，而不会影响原有的图像；缩小画布时，会裁剪掉不需要的图像边缘。而图像是画布上的元素，缩放图像是对图像的尺寸进行调整，不会被裁剪，原有像素的排列次序也不会发生改变。在图像编辑与处理过程中，可根据需要调整画布与图像尺寸。

1. 调整画布大小

执行"图像"→"画布大小"命令，打开如图1-18所示的"画布大小"对话框。

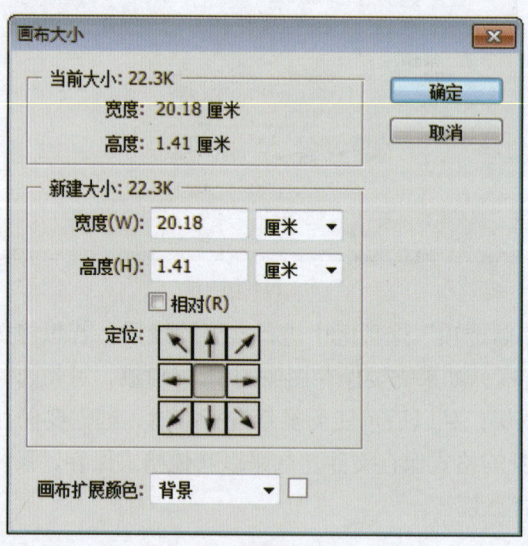

图1-18

"画布大小"对话框中各选项的含义介绍如下。
- "新建大小"选项区中的"宽度"和"高度"选项用于设置画布的尺寸。当设置的值大于原图尺寸时，系统将在原图的基础上增加画布区域；当设置的值小于原图尺寸时，系统会将该尺寸以外的部分裁掉。
- 在"定位"选项区单击定位按钮，可以设置图像相对于画布的位置。
- 如果是对画布进行了扩展，则需要在"画布扩展颜色"下拉列表框中选择画布的扩展颜色，可以设置为背景色、前景色、白色、黑色、灰色或其他颜色。

2. 调整图像大小

图像质量的好坏与图像的大小、分辨率有很大的关系，分辨率越高，图像就越清晰，而图像文件所占用的空间也就越大。执行"图像"→"图像大小"命令，打开如图1-19所示的"图像大小"对话框，在其中可更改图像大小，设置完成后单击"确定"按钮即可。

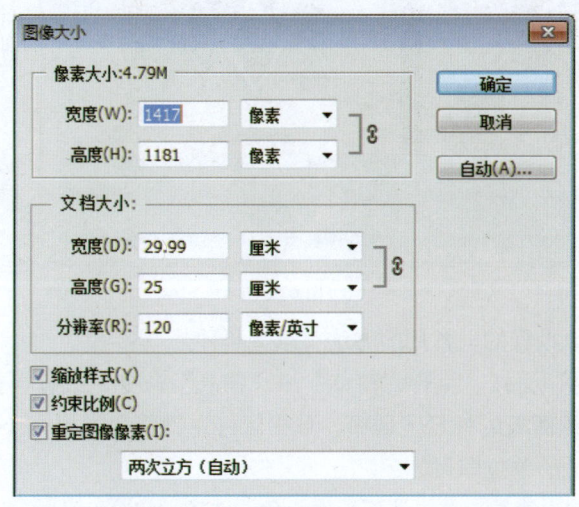

图1-19

提示

在默认设置下，对于初始分辨率较小的图像，若将其设置为较大的分辨率，并不会改善图像的显示质量，而只会增加文件的大小，因此这种做法是不可取的；对于初始分辨率较大的图像，若将其设置为较小的分辨率，会缩小图像的尺寸，而不会影响图像的质量，因此这种方法常用于优化Web图像。

1.1.3 辅助工具的使用

Photoshop提供了多种用于测量和定位的辅助工具，如标尺、网格和参考线等。这些辅助工具对图像的编辑不起任何作用，但使用它们可以更加精确地处理图像。

1. 标尺

默认情况下，在启动Photoshop CS6后，标尺并不会出现在操作界面中，可以执行"视图"→"标尺"命令，或直接按Ctrl+R组合键，在图像编辑区的上边缘和左边缘即可出现标尺，如图1-20所示。此时，"视图"菜单中的"标尺"选项前面将会出现"√"，表示选中。

在默认状态下，标尺的原点位于图像编辑区的左上角。其坐标值为（0,0）。当鼠标指针在编辑区域中移动时，水平标尺和垂直标尺上将会各出现一条虚线，该虚线所指的数值便是当前位置的坐标值。

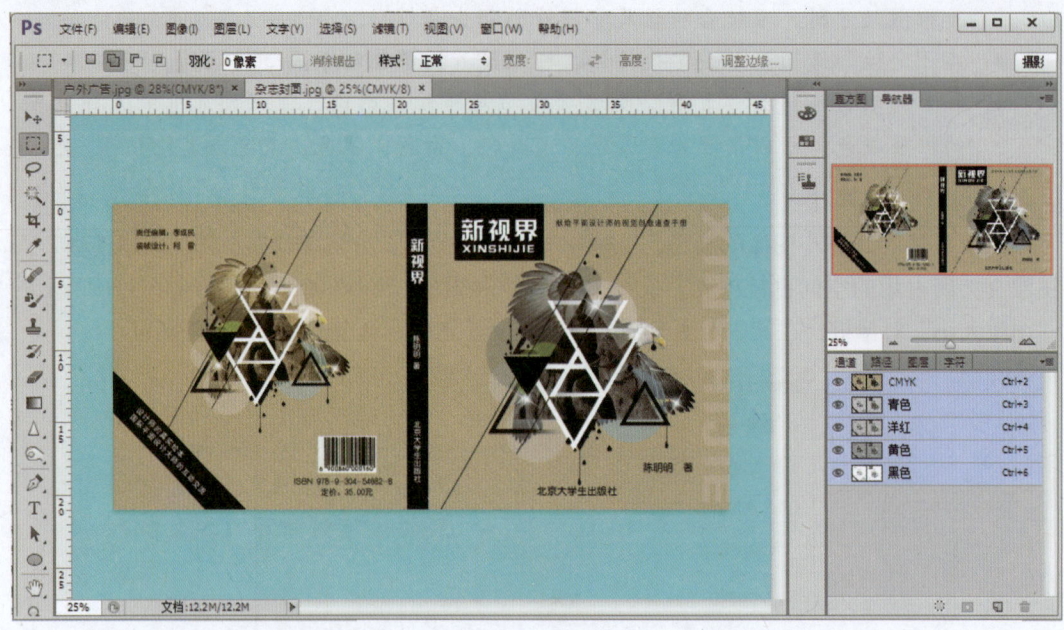

图1-20

标尺的单位是可以设置的，常用的方法有以下两种。

（1）使用"信息"面板。执行"窗口"→"信息"命令，或直接按快捷键F8，均可打开"信息"面板。在该面板的标尺区域中，单击鼠标左键将会弹出一个快捷菜单（如图1-21所示），从中选择合适的单位即可。

另外一种较复杂的方法是，单击该面板右上角的选项按钮 ，从打开的菜单中选择"选项面板"选项，打开"信息面板选项"对话框（如图1-22所示），从中也可以设置标尺的单位。

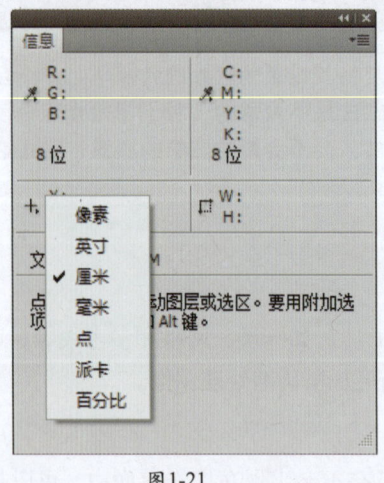

图1-21

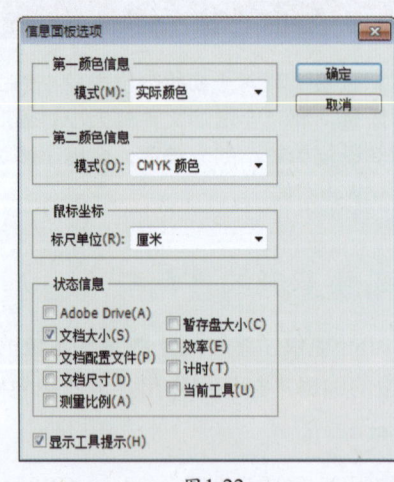

图1-22

（2）使用"首选项"对话框。执行"编辑"→"首选项"→"单位与标尺"命令，打开如图1-23所示的"首选项"对话框，在"单位"选项区的"标尺"下拉列表中选择所需要的单位即可。

第1章 个人名片设计

图1-23

2. 网格

网格主要用于对齐参考线，以方便用户在编辑操作中对齐物体。执行"视图"→"显示"→"网格"命令，即可在页面中显示网格，如图1-24所示。当再次执行该命令时，将取消网格的显示。

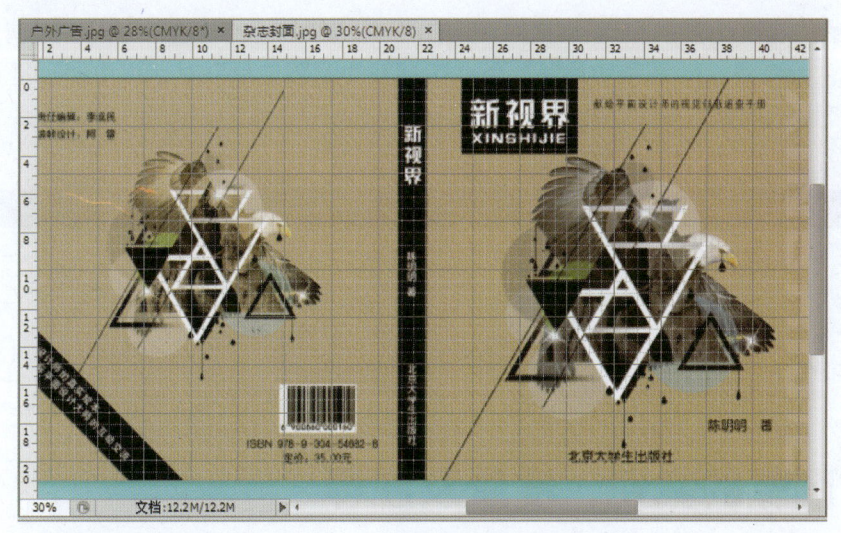

图1-24

若执行"视图"→"对齐到"→"网格"命令，移动图像或选区范围时会自动贴齐网格。

> **提示**
>
> 网格的颜色、样式等属性也是可以设置的，其方法是执行"编辑"→"首选项"→"参考线、网格和切片"命令，在打开的"首选项"对话框中进行设置即可。

3. 参考线

执行"视图"→"显示"→"参考线"命令，当"参考线"前面出现"√"时，表示参考线已显示，否则为隐藏。在标尺显示的状态下，使用鼠标分别在水平标尺和垂直标尺处按住鼠标左键并向内拖动,即可拖出参考线,如图1-25所示。

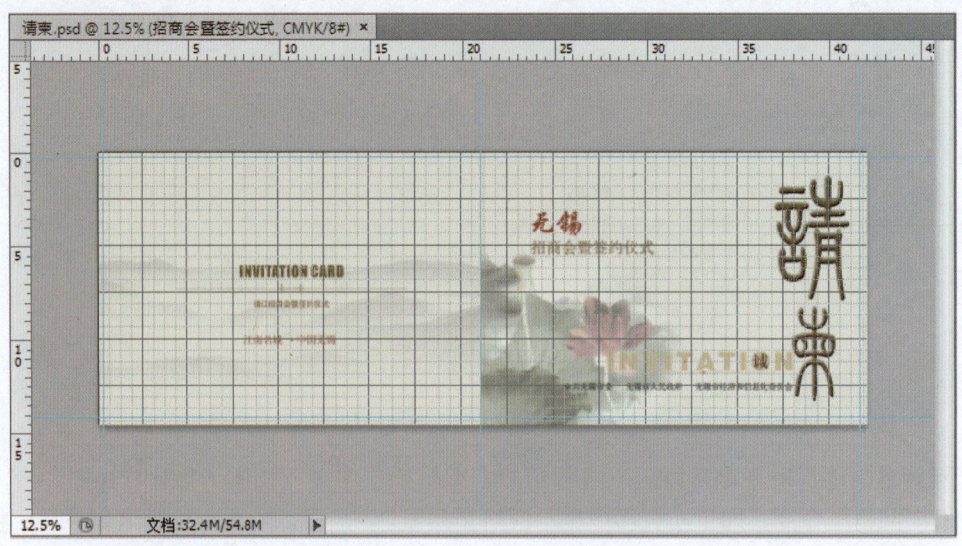

图1-25

参考线的属性也是可以重新设置的,其方法与设置网格属性相似。执行"编辑"→"首选项"→"参考线、网格和切片"命令,在打开的"首选项"对话框中即可进行详细的设置。

> **提示**
>
> 关于"参考线"的操作还包括锁定、清除、新建以及对齐等。若执行"视图"→"锁定参考线"命令,则文档编辑区中的参考线将不能移动或删除;若执行"视图"→"对齐到"→"参考线"命令,则在进行鼠标操作时将会自动贴近参考线。

1.2 图像的裁切、度量及注释

下面将对图像的裁切、度量和注释等操作进行详细介绍。

1.2.1 图像的裁切

图像的裁切通常有三种方法:一是使用裁剪工具,二是使用"裁剪"命令,三是使用"裁切"命令。其中,在使用裁剪工具时,可以在工具选项栏中设置裁剪区域的大小,也可以固定的长宽比例裁剪图像;"裁剪"命令的使用是基于选区来裁剪图像的。

1. 裁剪工具

在工具箱中选中裁剪工具时,此时的工具选项栏如图1-26所示。

图1-26

在裁剪时,若启用裁剪屏蔽,被裁剪的区域将被设定好的颜色所屏蔽,如图1-27和图1-28所示。

图1-27

图1-28

2. "裁剪"命令

用工具箱中的选框工具选取要保留的区域,执行"图像"→"裁剪"命令即可。

3. "裁切"命令

Photoshop CS6提供了一种特殊的裁剪方法,即裁剪图像空白边缘。执行"图像"→"裁切"命令,打开"裁切"对话框(如图1-29所示),进行相应的设置后,单击"确定"按钮即可。

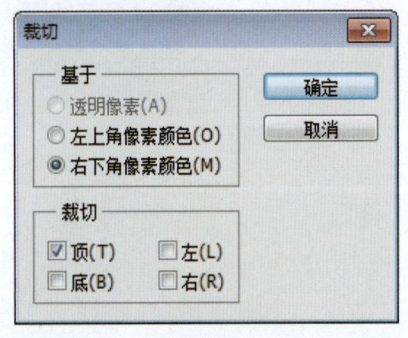

图1-29

> **提示**
>
> 在处理图像的过程中,若对效果不满意或出现操作错误,可使用软件提供的恢复功能来处理这类问题。
> (1)恢复到上一步的操作。恢复到上一步是指将图像恢复到上一步编辑操作之前的状态,该步骤所做的更改将被全部撤销。其方法是执行"编辑"→"还原"命令,或是按Ctrl+Z组合键。
> (2)恢复到任意步的操作。如果需要恢复的步骤较多,可以执行"窗口"→"历史记录"命令,打开"历史记录"面板,在历史记录列表中找到并在要返回的相应步骤上单击鼠标即可。

1.2.2 图像的度量

标尺工具的作用是测量两个点之间的距离和角度,在工具选项栏中会显示起点与终点的坐标(X、Y)、角度(A)和距离(L1、L2)等信息(如图1-30所示)。当只有头尾一条直线的时候,角度是根据线段与水平的夹角计算的,距离L1显示两个端点之间的距离。

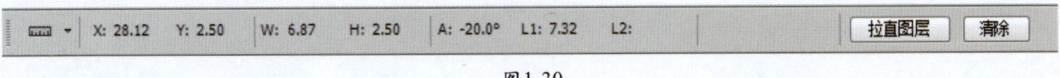

图1-30

使用标尺工具测量距离十分便利(特别是在斜线上),用户同样可以用它来量角度。在

"信息"面板可视的前提下,选择度量工具单击并拖出一条直线,按住Alt键从第一条线的节点上再拖出第二条直线,这样两条线间的夹角和线的长度都显示在信息面板上。用测量工具拖动可以移动测量线,也可以只单独移动测量线的一个节点,把测量线拖到画布以外就可以把它删除。

1.2.3　图像的注释

注释工具的作用是在文件中写入一段文字注释内容,主要应用在将文件交于其他人使用的时候,也可以作为自己的备忘录。选择注释工具,在图像编辑区中单击即可出现"注释"面板,从中输入相应的注释内容即可,如图1-31所示。

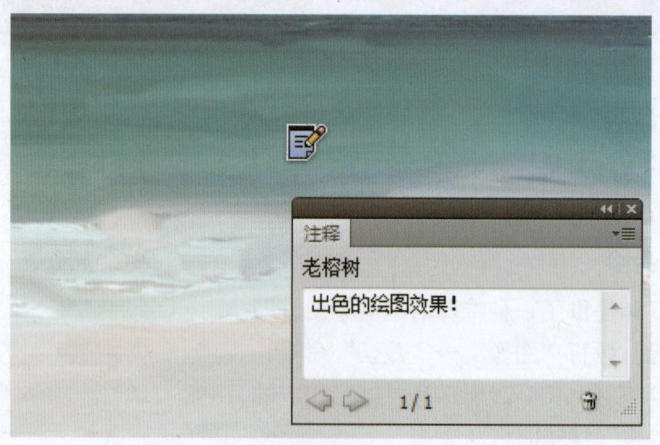

图1-31

在工具选项栏中,可以设定作者和标签颜色,如图1-32所示,还可以单击"显示或隐藏注释面板"按钮来决定"注释"面板的显示与否。若将其关闭后,则只会在画面上留下一个小标签记号。双击该标签即可展开文字框,此时可以修改文字内容。若要删除注释,可选择标签后单击"注释"面板中的"删除注释"按钮,或者是直接按Delete键,或者在小标签上单击右键执行"删除注释"命令。

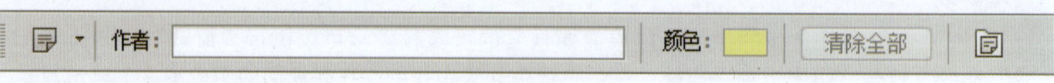

图1-32

提示

标签的位置与文字框的位置并不需要同在一处,可以将两者分离。双击标签后文字框将以最后一次出现的位置和大小显示。

【拓展实训】

拓展实训1：裁切图像

设计要领

（1）导入图像。
（2）执行"裁切"命令或使用裁剪工具。
（3）按需裁剪图像。

最终效果如图1-33所示。本实训文件在"资料\素材文件\第1章"目录下。

图1-33

拓展实训2：自制证件照

设计要领

（1）打开图像。
（2）调出标尺。
（3）按照既定尺寸裁切图像。

最终效果如图1-34所示。本实训文件在"资料\素材文件\第1章"目录下。

图1-34

第2章 02 企业标识设计

内容概要：

在利用Photoshop进行平面设计时，选区创建的操作是很关键的，这是因为图像操作只对选区范围内的区域有效，对选区范围以外的图像区域不起作用。本章将详细介绍图像的选取与编辑知识，包括图像的选区、选区的编辑以及特殊颜色效果的处理等。

知识要点：

- 选择工具的应用
- 选区的创建
- 选区的编辑
- 特殊颜色效果的处理

课程思政：

强国建设、民族复兴的接力棒，历史地落在我们这一代人身上。我们要按照二十大的战略部署，坚持统筹推进"五位一体"总体布局、协调推进"四个全面"战略布局，加快推进中国式现代化建设，团结奋斗，开拓创新，作出无负时代、无负历史、无负人民的业绩，为推进强国建设、民族复兴作出我们这一代人的应有贡献。

课时安排：

理论教学2课时
上机实训4课时

实训效果图：

【实训精讲】

房地产项目的标志设计

💻 实训描述

本实训设计的是一个企业标志，画面具有空间感和质感，视觉冲击力强。该实例中的标志效果，适用于房产、商业会所等标志应用。

💻 实训文件

本实训素材文件和最终文件在"资料\素材文件\第2章"目录下，本实训的操作视频在"资料\操作视频\第2章"目录下。

💻 实训详解

首先创建圆形花纹图像，然后使用渐变工具绘制镶嵌的宝石，添加金属质感花纹，并利用图层蒙版使之与图像巧妙地结合在一起，最终创建出立体质感的标志效果。下面将对本实训的制作过程进行详细讲解。

STEP 01 新建一个宽度为9厘米、高度为6厘米、分辨率为300像素/英寸的新文档，填充颜色为肉红色（C3、M8、Y12、K0），如图2-1所示。

STEP 02 单击"图层"面板底部的"创建新的填充或调整图层"按钮 ，在弹出的快捷菜单中执行"图案填充"命令，在打开的"图案填充"对话框（如图2-2所示）中进行参数设置，设置后单击"确定"按钮，即可创建图案填充效果。

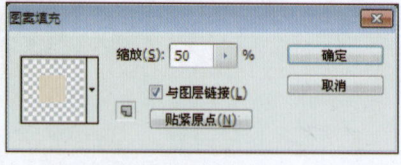

图2-1　　　　　　　　　　　　　　　　图2-2

STEP 03 打开素材文件"欧式花纹背景.jpg"，将其拖至正在编辑的文档中，并调整图像的大小及位置，然后使用椭圆选框工具绘制如图2-3所示的正圆选区。

图2-3

STEP 04 单击"图层"面板底部的"添加图层蒙版"按钮，隐藏选区以外的图像，然后双击图层缩览图，为图层添加"内发光"图层样式，参数如图2-4所示。

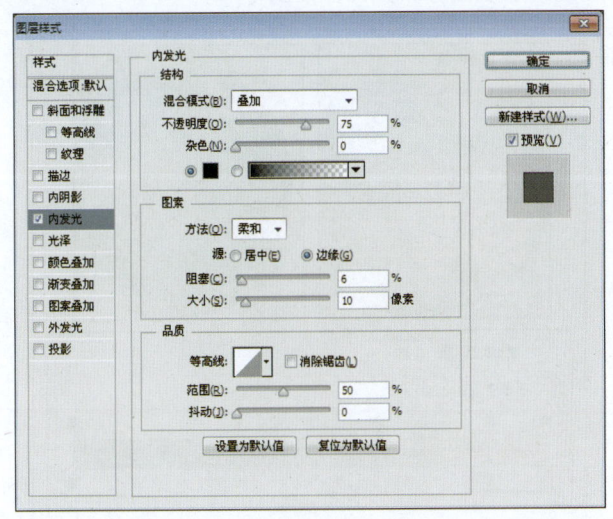

图2-4

STEP 05 使用钢笔工具绘制路径，并将路径载入选区，效果如图2-5所示。

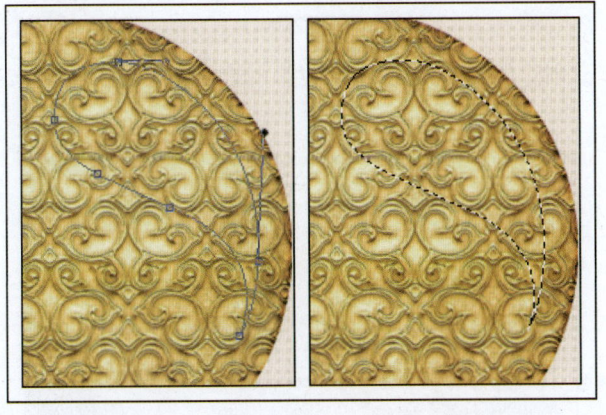

图2-5

STEP 06 单击"图层"面板底部的"创建新的填充或调整图层"按钮，在弹出的快捷菜单中执行"图案填充"命令，为上一步创建的选区填充渐变，参数如图2-6所示。

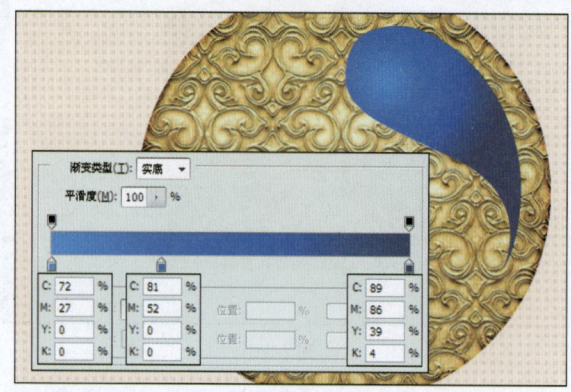

图2-6

STEP 07 使用相同方法继续绘制图像，如图2-7所示。

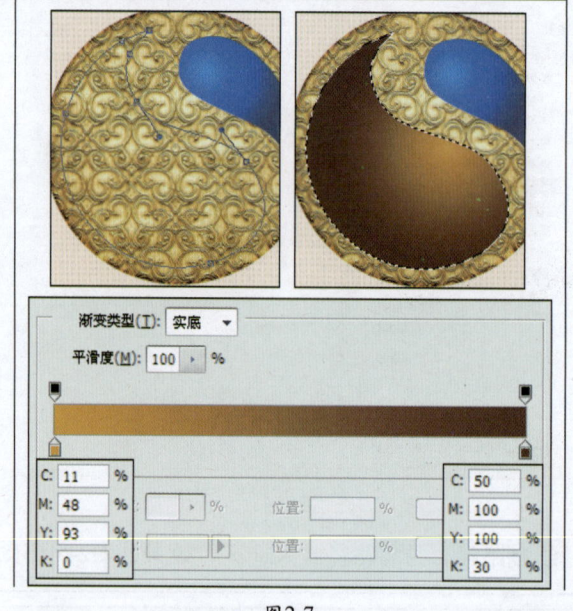

图2-7

STEP 08 复制上一步骤创建的渐变填充图层，缩小旋转图像，并参照图2-8所示参数调整渐变颜色。

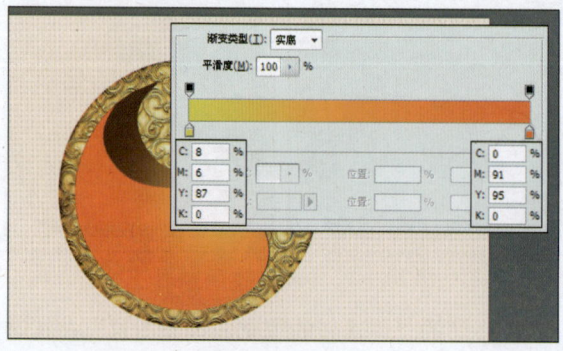

图2-8

STEP 09 新建"图层1",分别设置颜色为白色和深红色(C43、M100、Y100、K11),使用柔边缘的画笔工具绘制阴影和高光,效果如图2-9所示。

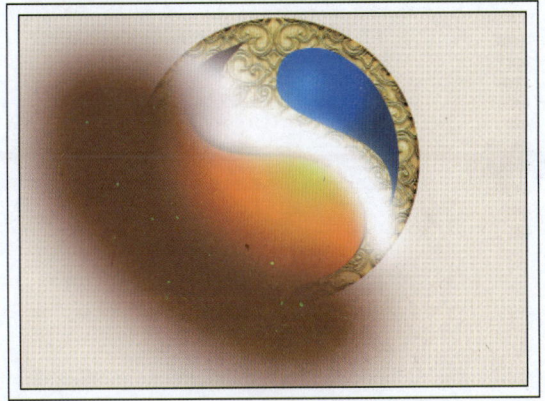

图2-9

STEP 10 将最后一次创建的渐变填充图像载入选区,使用快捷键Ctrl+Shift+I反选选区,使用Delete键删除选区中的图像,效果如图2-10所示。

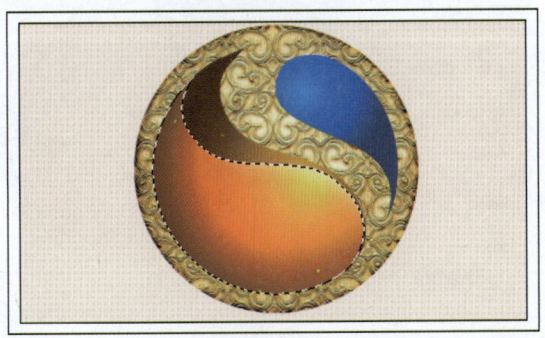

图2-10

STEP 11 新建"图层2",使用椭圆选框工具绘制正圆选区,并填充颜色为白色,如图2-11所示。执行"选择"→"变换选区"命令,按住Shift+Alt键,同心缩小选区,并删除选区中的图像,对圆环图像进行5像素的高斯模糊。

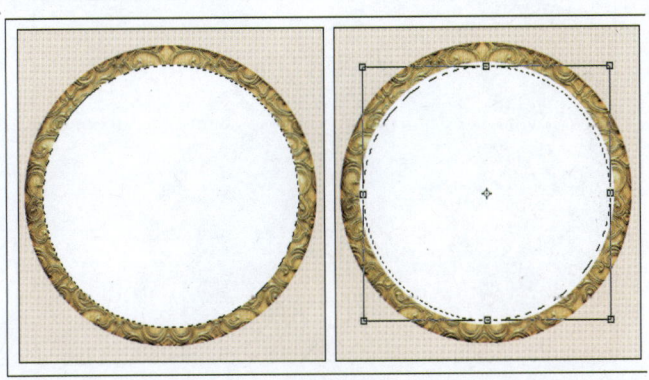

图2-11

STEP 12 双击圆环图层的缩览图,在弹出的"图层样式"对话框中进行设置,参数如图2-12所示,为图像添加"渐变叠加"图层样式。

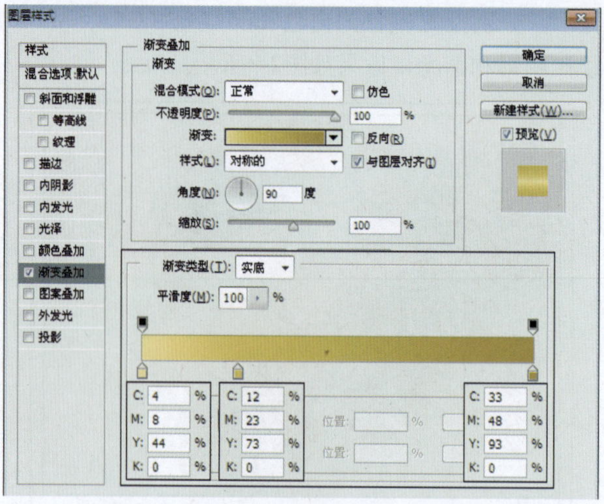

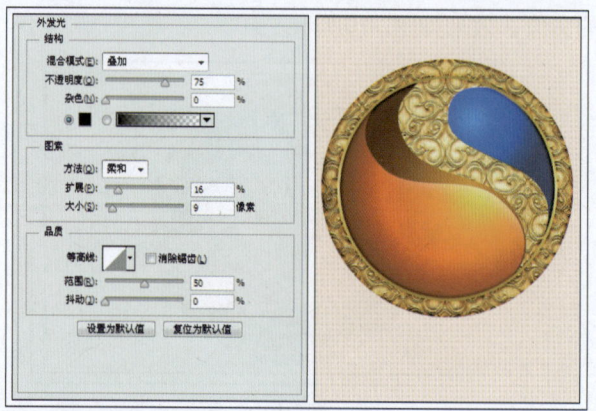

图2-12

STEP 13 参照上一步骤，为图像添加"外发光"图层样式，如图2-13所示。

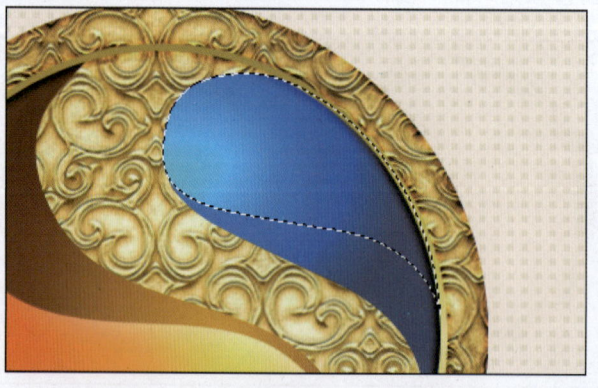

图2-13

STEP 14 将蓝色渐变图像载入选区，缩小选区并填充蓝色（C64、M0、Y6、K0）到透明的渐变，效果如图2-14所示。

图2-14

STEP 15 新建"图层3"，设置颜色为深蓝色（C78、M45、Y0、K0），使用柔边缘的画笔工具在选区下部进行绘制，效果如图2-15所示。

STEP 16 新建"图层 4",将第一次和第二次创建的渐变填充图像载入选区,然后使用黑色柔边缘的画笔工具沿着S形状进行绘制,创建阴影,效果如图2-16所示。

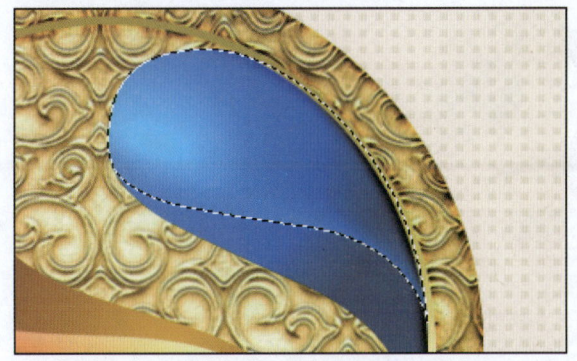
图2-15

图2-16

STEP 17 新建"图层 5",使用白色柔边缘的画笔工具在视图中多次单击,然后将图层混合模式设置为"叠加",创建高光效果,效果如图2-17所示。

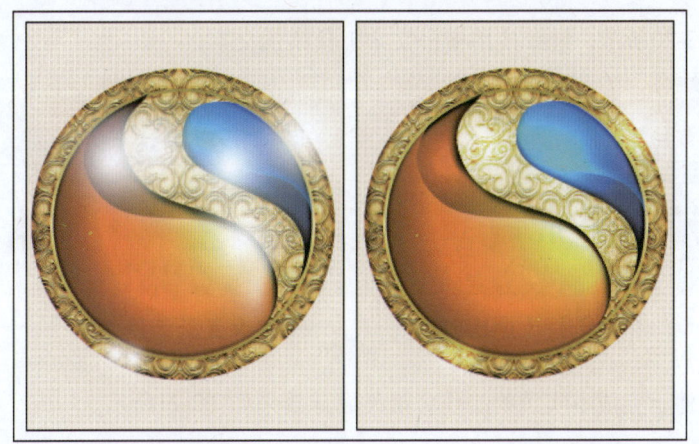
图2-17

STEP 18 打开素材文件"欧式金属花纹.jpg",使用魔术橡皮擦工具去除白色背景,将其拖至正在编辑的文档中,并为其添加图层蒙版,隐藏部分图像,效果如图2-18所示。

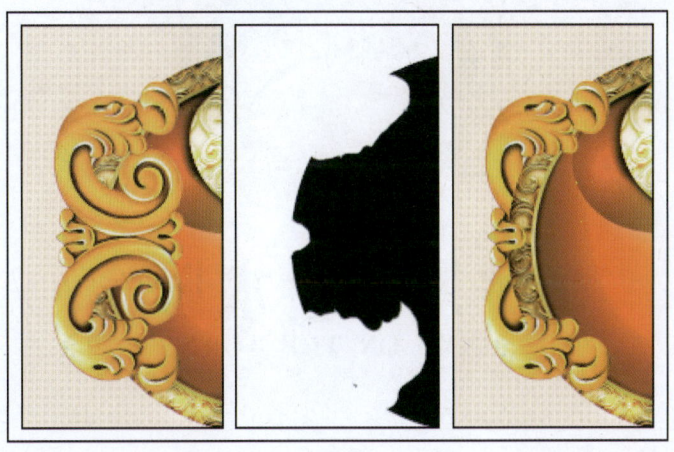
图2-18

STEP 19 复制上一步骤创建的图像，水平翻转图像并调整其位置。使用横排文字工具添加文字，在"字符"面板中，设置字间距为-100，效果如图2-19所示。

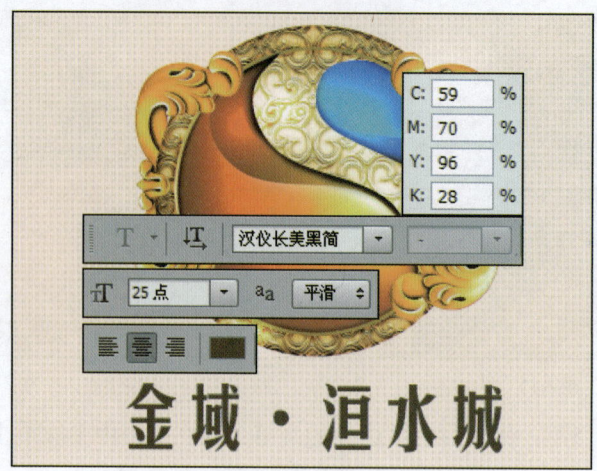

图2-19

STEP 20 参照图2-20所示，继续使用横排文字工具添加文字。

图2-20

STEP 21 保存文件，完成本实训的制作。最终设计效果如图2-21所示。

图2-21

Ps 【从零起步】

2.1 选择工具的应用

在使用Photoshop处理图像时，经常要对图像中的某区域进行单独的处理和操作，这就需要使用创建选区的工具或命令把这个区域选择出来。下面将对相关的工具进行详细介绍。

2.1.1 选框工具

选框工具组中包括四种选框工具，分别是矩形选框工具、椭圆选框工具、单行选框工具和单列选框工具。使用选框工具可以选取规则的图像区域。在默认状态下，工具箱上显示的是矩形选框工具。选框工具的工具选项栏如图2-22所示。

图2-22

工具选项栏中各选项的含义如下。

1. 设置选区形式

"设置选区形式"按钮组包括四个功能按钮，从左至右依次为"新选区"按钮、"添加到选区"按钮、"从选区减去"按钮和"与选区交叉"按钮。

2. 羽化

在文本框中输入数值可进行选区边界线羽化程度的设置。羽化值的范围在0～1000像素之间；0表示不进行羽化；羽化值越大，产生的柔化效果越大；羽化值越小，产生的柔化效果越小。在创建羽化的选区时，应先设置羽化数值，再拖动鼠标创建选区。

3. 样式

设置创建选区的样式有三种。

（1）正常：系统默认为正常方式，可以创建任意大小的选区。选区范围只由光标的起始点与终止点决定。

（2）固定比例：选择此项时，"样式"列表框右侧的"宽度"和"高度"文本框有效，分别输入数值，即可确定选区的宽高比例。

（3）固定大小：选择此项时，在"宽度"和"高度"文本框中输入数值，即可确定选区的尺寸。

4. 宽度与高度互换

单击该按钮，可以切换宽度和高度的值。需要注意的是，此按钮只在样式为"固定比例"和"固定大小"时有效。

5. 调整边缘

选择该选项后将打开"调整边缘"对话框（如图2-23所示），在其中可以设置选区边缘的品质，并允许对照不同的背景查看选区，方便编辑。其各选项含义如下所述。

- 视图：对照不同的背景查看选区。
- 半径：决定选区边界周围的区域大小，进行边缘调整。
- 平滑：减少选区边界中的不规则区域，创建更加平滑的轮廓。
- 羽化：在选区及其周围像素之间创建柔化边缘过渡。
- 对比度：锐化选区边缘并去除模糊的不自然感。
- 移动边缘：收缩或扩展选区边界。

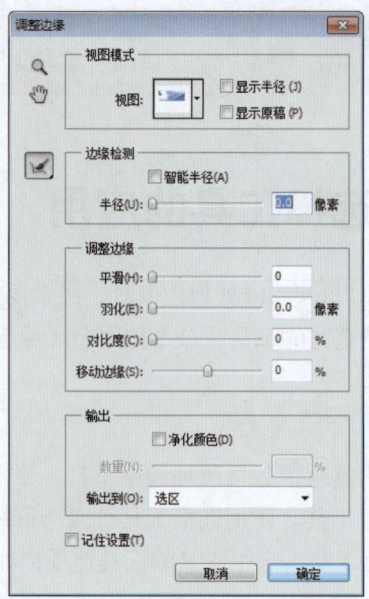

图2-23

> **提示**
>
> 使用矩形选框工具创建选区时，按住Shift键可创建正方形选区；按住Alt键拖动鼠标，则可以创建以起点为中心的矩形选区；按住Shift+Alt组合键拖动鼠标，则可以创建以起点为中心的正方形选区。

2.1.2 套索工具

使用套索工具可创建以鼠标移动的路线为基准的任意形状的选区，其操作方法为：选择套索工具，鼠标指针将变为套索状，在画布窗口按住鼠标左键并拖动鼠标，即可创建一个不规则的选区；释放鼠标时，系统会自动连接鼠标的起点与终点，形成一个闭合的选区。

利用套索工具，在图像边缘拖动鼠标，可以粗略地选取图像，图2-24所示为选择前后的对比效果。需要说明的是，使用套索工具创建选区的过程中，在按住Alt键的同时单击鼠标左键，可在单击的两点之间以直线相连。

图2-24

2.1.3 多边形套索工具

使用多边形套索工具可以创建任意形状的多边形选区,其操作方法为:选择多边形套索工具,鼠标指针将变为多边形套索状,在画布窗口单击鼠标,确定多边形选区的起点;然后移动鼠标,依次在所需多边形选区的拐点处单击鼠标;最后移动鼠标至起点处(此时将出现一个小圆圈)单击鼠标,系统将自动连接起点和终点,形成一个闭合的多边形选区,如图2-25所示。

图2-25

> **提示**
>
> 在使用套索工具创建选区的过程中,按住Alt键可切换为多边形套索工具。在使用多边形套索工具创建选区时,按住Shift键,可以创建出水平、垂直或45°角方向的边线。

2.1.4 磁性套索工具

虽然使用套索工具和多边形套索工具可以创建任意形状的选区,但是很难精确定位选区边界。如需选择细节丰富的图像,则可以选用磁性套索工具。磁性套索工具的工具选项栏如图2-26所示,其主要选项的含义如下所述。

图2-26

- 宽度:用于设置系统检测的范围,单位为像素。利用磁性套索工具进行选区创建时,系统将在鼠标指针周围指定的宽度范围内选定反差最大的边缘作为选取边界,也就是自动检测边缘的宽度,查找分析色彩的区域。该数值取值范围为1~256像素,数值越小,检测范围就越小。
- 对比度:用于设置系统检测选区边缘的精度,其取值范围是1~100%,数值越大,对比度越大,系统能识别的选区边缘的对比度也就越高,边界定位就越精确。
- 频率:用于设置选区边缘关键点出现的频率,其取值范围为0~100,数值越大,系统创建关键点的速度越快,关键点出现的次数也就越多。
- 使用绘图板压力以更改钢笔宽度:单击该按钮,可以使用绘图板压力来更改钢笔笔触的宽度。此选项只有在使用绘图板绘图时才有效。

磁性套索工具能够自动识别图像的边界，可以按图像的不同颜色将图像中相似的部分选取出来，还可以在选项栏中设置参数，精确创建选区。

具体的操作方法为：选择磁性套索工具，鼠标指针将变成磁性套索状，在图像窗口所要选择的图像的边缘单击鼠标，确定选区起点，然后沿所选图像的边缘移动鼠标指针，系统会自动在预先设定的像素宽度内分析图像，自动将选区边界吸附到交界上。当移动鼠标回到起点时，磁性套索工具小图标的右下角会出现一个小圆圈，单击鼠标即可形成一个封闭的选区，选取到所要的图像部分，如图2-27所示。

图2-27

2.1.5 魔棒工具

魔棒工具是根据颜色的色彩范围来确定选区的工具，能够快速选择色彩差异大的图像区域，它是众多创建选区工具中最为得力的一款工具。魔棒工具的工具选项栏如图2-28所示，其主要选项含义如下所述。

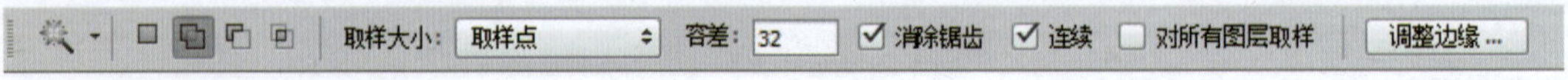

图2-28

- 容差：设置选取颜色的范围。容差值的选择范围在0～255之间，默认值为32。容差值越小，选取的颜色就越接近，即选区的范围越小。
- 连续：默认状态下，该选项处于选中状态，表示系统将选取与单击选取点相近的连续区域；若取消勾选该复选框，系统将对整个图像进行分析，选取图像中与单击选取点相近的图像区域。
- 对所有图层取样：默认状态下，该选项处于非选中状态，表示系统仅对图像当前图层进行分析；若勾选此复选框，系统将把图像中的所有图层作为一个图层统一进行分析。

打开素材文件，使用魔棒工具快速选择白色区域，如图2-29所示。执行"选择"→"反向"命令，即可反向选择区域，如图2-30所示。此时可对选区进行填充等其他操作。

图2-29　　　　　　　　　　　　　图2-30

2.1.6 移动工具

使用移动工具可以将图层中的整幅图像或选定区域中的图像移动到指定位置。移动工具的工具选项栏如图2-31所示,其各选项含义如下所述。

图2-31

- 自动选择:若选择"层"选项,在图像文件中移动图像时,可以自动将图像所在的图层设置为工作层;若取消勾选此选项,在移动图像之前,必须在"图层"面板中将图像所在的图层设置为工作层,然后再移动。若选择"组"选项,在移动图像时,如果移动的图像属于某个图层组,此时将移动整个图层组中的图像。
- 显示变换控件:选中此选项后,在要移动对象的四周将显示控制边框,可以直接进行旋转、变形和翻转操作。

2.2 选区的编辑

创建好选区后,就可以对其进行编辑处理了。常见的选区编辑操作包括运算、修改、变换、存储和载入选区等,下面将对这些操作逐一进行介绍。

2.2.1 创建选区

选区的运算就是指添加、减去、交集等操作,它们以按钮形式分布在工具选项栏上,分别是新选区、添加到选区、从选区减去以及与选区交叉。

1.新选区

在默认情况下,系统选中此按钮,只能创建一个选区。若已经有一个选区,再创建一个选区时,原选区会被取消。换句话说,在新选区状态下,新选区会替代原来的旧选区,相当于取消后重新选取,如图2-32和图2-33所示。

这个特性也可以用来取消选区,也就是使用选区工具在图像中随便点一下,即可取消现有选区。

图2-32　　　　　　　　　　　　　　图2-33

2. 添加到选区

选中此按钮或者按住Shift键，如果已经有一个选区，当再创建一个选区时，则新建选区将与原选区相加，得到一个新选区。

在添加状态下，光标将变为 ，这时新旧选区将共存。如果新选区在旧选区之外，则形成两个封闭流动虚线框，如图2-34所示。如果彼此相交，则只有一个虚线框出现，如图2-35所示。

图2-34　　　　　　　　　　　　　　图2-35

3. 从选区减去

选中此按钮，或者按住Alt键，如果已经有一个选区，当再创建一个选区时，则从原选区上减去与新建选区重合的部分，得到一个新选区。

在减去状态下，光标将变为 ，这时新的选区会减去旧选区，如图2-36和图2-37所示。如果新选区在旧选区之外，则没有任何效果。

图2-36　　　　　　　　　　　　　　图2-37

4. 与选区交叉

选中此按钮或者按住Shift+Alt组合键,如果已经有一个选区,当再创建一个选区时,则只保留新建选区与原选区重合的部分,得到一个新选区。

交叉选区也称为选区交集,其效果是保留新旧两个选区的相交部分,如图2-38和图2-39所示。

图2-38

图2-39

> **提示**
>
> 如果新旧选区没有相交部分,则会出现如图2-40所示的警告框。

图2-40

2.2.2 修改选区

选区的修改是编辑选区的一部分,包括扩展选区、收缩选区、边界选区、平滑选区以及羽化选区。下面将详细介绍这五种编辑操作。

1. 扩展选区

扩展选区的主要作用是使原有选区向外均匀扩展:执行"选择"→"修改"→"扩展"命令,打开"扩展选区"对话框(如图2-41所示),从中可设置扩展量,其取值范围为1~500像素,数值越大,扩展的面积越大。

图2-41

2. 收缩选区

收缩选区的作用和扩大选区相反,可在原有选区上向内均匀收缩:执行"选择"→"修改"→"收缩"命令,打开"收缩选区"对话框(如图2-42所示),从中可设置扩展量,其取值范围为1~500像

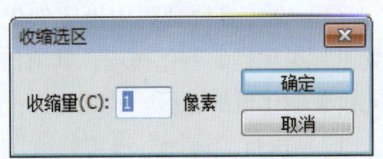

图2-42

素，数值越大，收缩的面积越大。

3. 边界选区

执行"选择"→"修改"→"边界"命令，打开"边界选区"对话框（如图2-43所示），设置边界宽度后将产生一个以原有选区边界为基础的特定宽度的选区。

图2-43

边界选区不同于扩展选区和收缩选区，选区不再是在原有选区基础上放大或收缩，而是以原有选区边界为基础创建了一个新的特定宽度的选区。边界选区的宽度由设置的宽度值决定，数值越大，边界宽度越大。图2-44所示的效果是宽度为20像素的边界选区效果。

图2-44

4. 平滑选区

使用"平滑选区"命令可使选区边缘变得较为连续和平滑。由于在使用魔棒工具选取图像时，得到的选区往往会呈现很明显的锯齿状。因此，使用"平滑选区"命令可以使选区更光滑一些。

执行"选择"→"修改"→"平滑"命令，打开"平滑选区"对话框（如图2-45所示），从中可设置取样半径，其取值范围为1～500像素。"取样半径"用于控制选区边缘平滑程度，数值越大，选区边缘就越光滑。

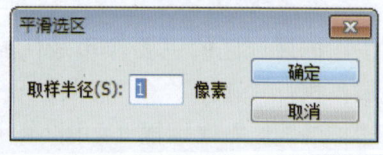

图2-45

5. 羽化选区

羽化选区的操作主要有以下两种方法。

（1）在工具选项栏中设置羽化值：选择矩形、椭圆形等选框工具，在创建选区前，先设置工具选项栏的羽化选项，其取值范围为0～1000，不同的羽化值会产生不同的羽化效果。填充设置羽化值的选区，其边缘会产生柔和的渐变效果。

（2）执行"选择"→"修改"→"羽化"命令：对已有选区设置羽化效果，可以执行"选择"→"修改"→"羽化"命令，打开"羽化选区"对话框（如图2-46所示），在"羽化半径"文本框中输入所需数值,即可修改选区的羽化效果。

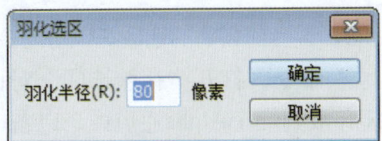

图2-46

图2-47所示为羽化前后的效果对比。

图2-47

2.2.3 变换选区

在图像处理过程中,往往需要对创建的选区进行变换操作。执行"选择"→"变换选区"命令,可以对选区进行旋转、缩放、斜切等操作。执行该命令后,选区周围将出现如图2-48所示的调整框,通过调整控制调整框的八个控制点,可以变换选区。图2-49所示为斜切变换选区。

图2-48　　　　　　　　　　图2-49

> **提 示**
>
> 在调整控制点时,按住Alt键可以对选区进行透视斜切变换,按住Shift键可以对选区进行等比例缩放。

2.2.4 存储选区

选区的存储操作也是很关键的，若当前创建的选区在以后还会使用，则可以将其保存起来。

执行"选择"→"存储选区"命令，打开"存储选区"对话框（如图2-50所示），从中可设置选项参数，将当前的选区存放到一个Alpha通道中，以备以后使用。

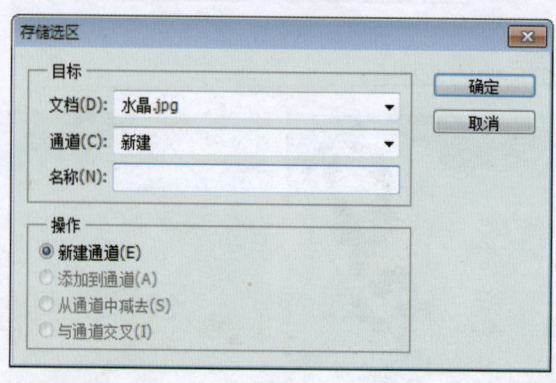

图2-50

2.2.5 载入选区

载入选区的操作一般用于在当前图像文档中载入其他文档的选区。执行"选择"→"载入选区"命令，打开"载入选区"对话框（如图2-51所示），其选项的含义如下所述。

- "文档"选项：用于选择要载入其选区的图像文档（默认为当前文档）。
- "通道"选项：用于选择保存选区的通道或要载入的图层。
- "操作"选项区：在该选项区中可以设置载入选区与图像中当前选区的运算方式。如果在载入选区之前当前图像中没有任何选区，则只有"新建选区"方式有效。

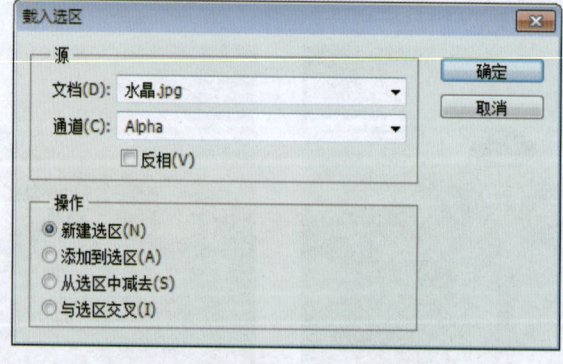

图2-51

2.3 特殊颜色效果的调整

在Photoshop CS6中，使用"黑白""阈值""去色""反相"等命令可以快速地为图像添加特殊的颜色效果。

2.3.1 黑白

对图像进行黑白处理有许多方法，最简单的当属"去色"命令，再复杂一点的是调整饱和度、使用Lab模式、通道混合器、使用渐变映射、拷贝单一通道等，而Photoshop CS6的"黑白"命令也可以将彩色图像转换为灰度图像，但该命令提供了选项，可同时保持对各颜色转换方式的完全控制。此外，也可以灰度着色，将彩色图像转换为单色图像。

执行"图像"→"调整"→"黑白"命令，打开"黑白"对话框，如图2-52所示。

执行黑白命令处理的图像，其前后效果分别如图2-53和图2-54所示。

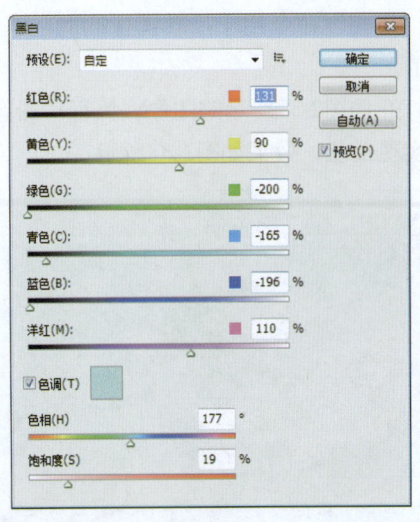

图2-52

图2-53

图2-54

2.3.2 去色

"去色"命令主要用于去除图像的色彩，即将图像中所有颜色的饱和度变为0，将其转换为相同颜色模式的灰度图像。打开如图2-55所示的图像，执行"图像"→"调整"→"去色"命令或按Shift+Ctrl+U组合键，即可去除图像的色彩，效果如图2-56所示。

图2-55

图2-56

2.3.3 反相

"反相"命令用于反转图像的颜色，即将每个通道中的像素亮度值转换为256种颜色的相反值。

打开如图2-57所示的图像，执行"图像"→"调整"→"反相"命令或按Ctrl+I组合键，即可实现反相，效果如图2-58所示。

图2-57　　　　　　　　　　　　　　　图2-58

2.3.4 渐变映射

"渐变映射"命令可以将相等的图像灰度范围映射到指定的渐变填充色（如指定双色渐变填充），图像中的阴影映射到渐变填充的一个端点颜色，高光映射到另一个端点颜色，而中间色调映射到两个端点颜色之间的渐变。所谓的灰度范围映射，就是指按不同的明度进行映射。

执行"图像"→"调整"→"渐变映射"命令，打开如图2-59所示"渐变映射"对话框，单击渐变色条，打开"渐变编辑器"对话框，从中可以选择系统预设的渐变样式，也可以自行创建所需的渐变样式，如图2-60所示。

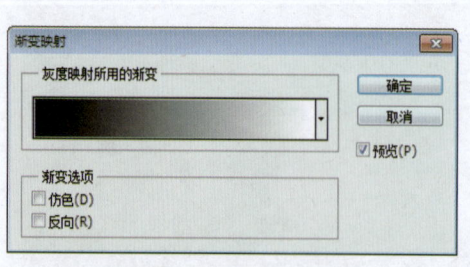 

图2-59　　　　　　　　　　　　　　　图2-60

对图像执行渐变映射操作前后的效果分别如图2-61和图2-62所示。

图2-61

图2-62

2.3.5 阈值

"阈值"命令主要用于将一张彩色或灰度图像转换为高对比度的黑、白两色图像。其转换原理是将图像的某个色阶指定为阈值，所有比该阈值亮的像素会被转换为白色，所有比该阈值暗的像素会被转换为黑色。

打开如图2-63所示的图像，执行"图像"→"调整"→"阈值"命令，在打开的"阈值"对话框中可设置阈值色阶的大小，图2-64所示的是阈值色阶为90的效果。

图2-63

图2-64

【拓展实训】

拓展实训1：绘制环保标志

设计要领

（1）使用椭圆选框工具绘制一个正圆，随后进行描边操作。

（2）使用钢笔工具绘制人物身体部分，并进行填充。

（3）使用钢笔工具绘制垃圾箱，并为其填充白色。

最终效果如图2-65所示。本实训文件在"资料\素材文件\第2章"目录下。

图2-65

拓展实训2：去除图像的色彩

设计要领

（1）导入素材图像。

（2）执行"去色"命令。

（3）查看并保存图像。

最终效果如图2-66所示。本实训文件在"资料\素材文件\第2章"目录下。

图2-66

第3章 03 户外广告设计

内容概要：

图层是Photoshop应用中最重要的功能之一，本章将对图层的有关知识进行全面介绍。其中包括图层的概念、图层的类型、图层的基本操作，以及图层高级操作等。通过对本章内容的学习，可以了解图层的概念及其作用，还可以熟练掌握图层的相关操作方法和应用技巧。

课时安排：

理论教学2课时
上机实训4课时

知识要点：

- 图层的类型
- 创建图层
- 重命名图层
- 图层的混合操作
- "图层"面板
- 复制图层
- 合并图层
- 图层样式的设置

课程思政：

我们要深入实施科教兴国战略、人才强国战略、创新驱动发展战略，着力提升科技自立自强能力，推动产业转型升级，推动城乡区域协调发展，推动经济社会发展绿色化、低碳化，推动经济实现"质"的有效提升和"量"的合理增长。

实训效果图：

【实训精讲】

"海之产"墙面漆户外广告设计

实训描述

本实训设计的是一则墙面漆的户外广告，从效果上看，真实的空间感与卡通图像相结合，使人感觉耳目一新。

实训文件

本实训素材文件和最终文件在"资料\素材文件\第3章"目录下，本实训的操作视频在"资料\操作视频\第3章"目录下。

实训详解

在设计过程中，首先添加背景及产品图像；然后利用形状工具组绘制矢量纹样，使用调整图层的混合模式使矢量纹样较好地与背景相融合；最后添加文字信息。下面将对本实训的制作过程进行详细讲解。

STEP 01 执行"文件"→"新建"命令，新建一个宽度为12厘米、高度为10厘米、分辨率为150像素/英寸的新文档，如图3-1所示。

STEP 02 打开素材文件"墙面.jpg"，将其拖至当前文档中，如图3-2所示，并调整其大小及位置。

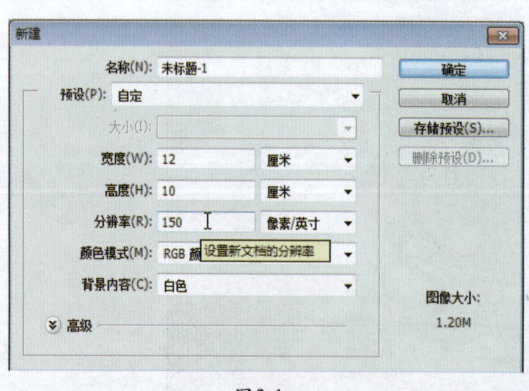

图3-1

图3-2

STEP 03 新建图层，设置填充颜色为黑色，设置图层混合模式为"叠加"，然后为图层添加图层蒙版，使用黑色柔边缘的画笔工具在蒙版中进行绘制，隐藏部分图像，如图3-3所示。

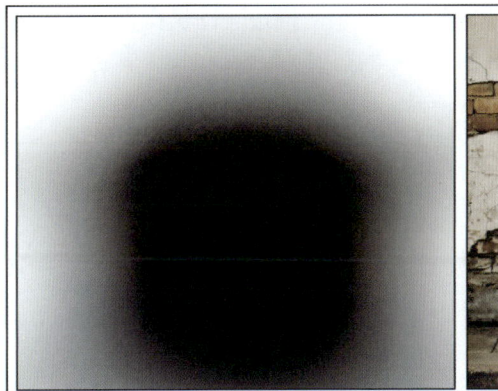 

图3-3

STEP 04 打开素材文件"油漆桶.tif",将其拖至当前文档中,并调整其大小及位置,效果如图3-4所示。

图3-4

STEP 05 新建图层,使用黑色柔边缘的画笔工具在视图中绘制,如图3-5所示,压扁图像作为油漆桶的阴影。

图3-5

STEP 06 新建图层组"组 1",设置颜色为蓝色(C66、M0、Y4、K0),使用椭圆工具绘制椭圆形状,使用钢笔工具调整路径,最后调整图层混合模式为"正片叠底",如图3-6所示。

STEP 07 为上一步骤创建的图层"组1"添加2像素、黑色"描边"图层样式。新建图层，使用椭圆选框工具绘制椭圆选区，执行"编辑"→"描边"命令，创建2像素描边效果，删除多余的描边，使图像呈立体化效果，如图3-7所示。

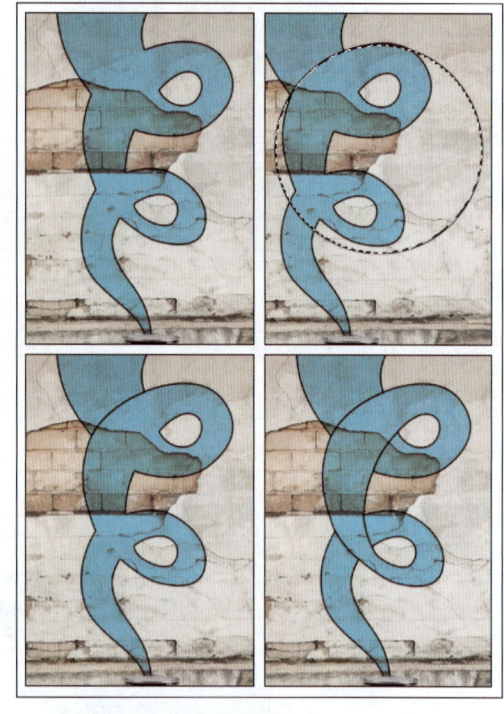

图3-6　　　　　　　　　　　　　图3-7

STEP 08 设置颜色为藏蓝色（C79、M47、Y0、K0），继续使用椭圆工具绘制椭圆形状，如图3-8所示。使用钢笔工具调整路径，最后调整图层混合模式为"正片叠底"。

STEP 09 新建图层组"组2"，使用前面介绍的方法，绘制如图3-9所示的图像。

图3-8　　　　　　　　　　　　　图3-9

STEP 10 新建图层，使用硬边缘的画笔工具绘制如图3-10所示的效果，调整画笔大小绘制圆点。

STEP 11 将绿色图形载入选区，为步骤10创建的图层添加图层蒙版，隐藏部分图像，效果如图3-11所示。

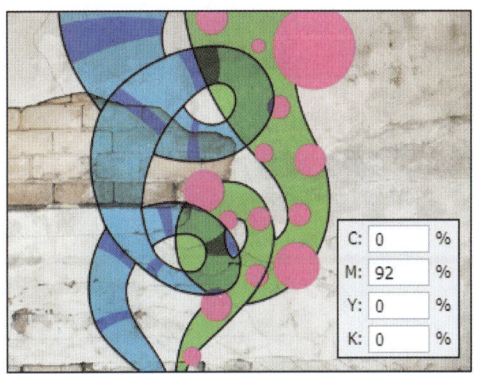
图3-10

图3-11

STEP 12 使用矩形工具绘制矩形形状，如图3-12所示。使用钢笔工具调整路径，然后调整图层混合模式为"正片叠底"。

STEP 13 新建图层组"组 3"，复制前面的描边效果，如图3-13所示，为蓝色图形添加描边装饰。

图3-12

图3-13

STEP 14 使用椭圆工具绘制正圆，并调整图层混合模式为"正片叠底"，效果如图3-14所示。

STEP 15 继续使用椭圆工具绘制正圆，使用路径选择工具选中路径，按住Alt键复制路径，并调整图层混合模式为"正片叠底"，如图3-15所示。

图3-14

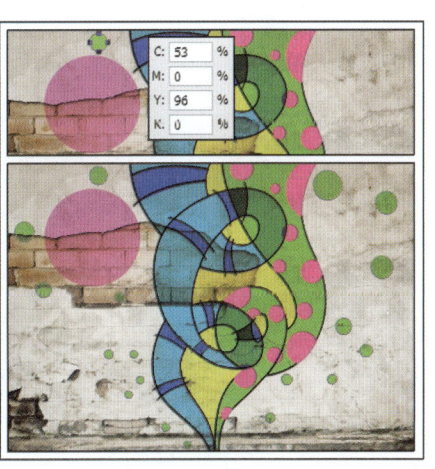
图3-15

STEP 16 继续使用前面介绍的方法创建圆点背景,并设置颜色为蓝色(C66、M0、Y3、K0),效果如图3-16所示。

STEP 17 新建图层"路径1",使用钢笔工具绘制路径,如图3-17所示。

图3-16　　　　　　　　　　　图3-17

STEP 18 新建图层,设置颜色为褐色(C67、M98、Y96、K66),使用硬边缘的画笔工具绘制圆点,如图3-18所示。

STEP 19 设置画笔大小为2像素,右击"路径1"图层的空白处,在弹出的快捷菜单中执行"描边路径"命令,创建花纹图像,效果如图3-19所示。

图3-18　　　　　　　　　　　图3-19

STEP 20 使用矩形选框工具绘制选区,在墙面图像所在图层上复制选区中的图像,调整图层顺序到最上方,调整图层混合模式为"颜色加深",为图层添加图层蒙版,隐藏部分图像,效果如图3-20所示。

图3-20

STEP 21 使用矩形工具绘制黑色矩形，复制缩小并旋转矩形，调整其颜色为白色，为其添加"投影"图层样式，如图3-21所示。

图3-21

STEP 22 使用文字工具创建如图3-22所示的文字。

图3-22

STEP 23 查看图像效果并保存，最终效果如图3-23所示，至此完成本实训的制作。

图3-23

Ps 【从零起步】

3.1 图层简介

图层是Photoshop中非常重要的概念，是进行平面设计的创作平台。利用图层可以将不同的图像放在不同的图层上进行独立的操作，而它们之间互不影响。为了保证能够创作出最佳的图像作品，应熟悉并掌握图层的应用。

3.1.1 图层的类型

在Photoshop CS6中，常见的图层类型包括普通图层、背景图层、文本图层、蒙版图层、形状图层以及调整图层等，如图3-24所示。

1. 背景图层

背景图层是指叠放于各图层最下方的一种特殊的不透明图层，以背景色为底色。在背景图层中可以自由涂画和应用滤镜，但不能移动位置和改变叠放顺序，也不能更改其不透明度和混合模式。使用橡皮擦工具擦除背景图层时会得到背景色。

2. 普通图层

普通图层是最普通的一种图层，在Photoshop中显示为透明。可以根据需要在普通图层上随意添加与编辑图像。执行"图层"→"新建"命令或按Ctrl+Shift+N组合键，均可创建一个普通图层。工具箱中的工具和菜单中的图像编辑命令绝大多数都可以在普通图层上使用。在隐藏背景图层的情况下，图层的透明区域将显示为灰白方格。

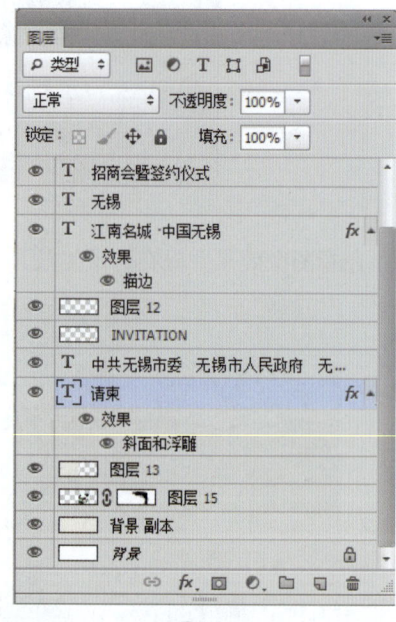

图3-24

> **提示**
>
> 将普通图层转换为背景图层的操作为：选中该图层，执行"图层"→"新建"→"背景图层"命令，即可将所选图层转换为背景图层。

3. 文本图层

文本图层主要用于输入文本内容，当使用文字工具在图像中输入文字时，系统将会自动创建一个文本图层。若要对其进行编辑操作，应先执行"栅格化"命令，将其转换为普通图层。

4. 蒙版图层

蒙版是图像合成的重要手段，蒙版图层中的黑、白和灰色像素控制着图层中相应位置图像的透明程度。其中，白色表示显示的区域，黑色表示隐藏的区域，灰色表示半透明区域。此类图层缩览图的右侧将会显示一个黑白的蒙版图像。

5. 形状图层

在使用形状工具创建图形时，系统会自动建立一个形状图层。形状图层具有可以反复修改和编辑的特性。

6. 调整图层

调整图层主要用于存放图像的色调与色彩，可用于调节该层以下图层中图像的色调、亮度及饱和度等。它对图像的色彩调整很有帮助，该图层的引入解决了存储后图像不能再恢复到以前色彩的状况。若图像中没有任何选区，则调整图层作用于其下方的所有图层，但不会改变下面图层的属性。

> **提示**
>
> 单击"图层"面板底部的"创建新的填充或调整图层"按钮，在弹出的快捷菜单中选择所需的选项（如色彩平衡），均可打开"调整"面板，从中可对图像进行色调与色彩的调整。

3.1.2 "图层"面板

在Photoshop CS6中，对图层进行的所有操作几乎都可以在"图层"面板中完成，因此可以说，"图层"面板是图层的控制中心。

执行"窗口"→"图层"命令或直接按F7快捷键，即可打开如图3-25所示的"图层"面板，其各选项的含义如下所述。

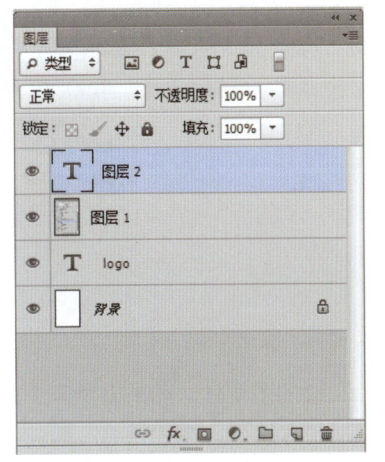

图3-25

- 混合模式选项：用于设置当前图层的混合模式。
- "不透明度"选项：用于设置当前图层的不透明度，值越小，图层越透明。
- "锁定"选项：用于对图层进行不同的锁定，包括锁定透明像素、锁定图像像素、锁定位置和锁定全部。图层被锁定后，将显示完全锁定图标🔒或部分锁定图标🔒。
- "填充"选项：用于设置图层的内部不透明度，即在图层中绘图时画笔的不透明度。
- 眼睛图标👁：用于控制图层的显示或隐藏。当该图标显示为👁时，表示当前图层处于显示状态；当该图标显示为▭时，表示图层处于隐藏状态。单击眼睛图标，可以在显示和隐藏状态之间切换。需要注意的是，不能编辑处于隐藏状态的图层。

- "链接"图标：用于表示该图层与其他图层之间具有链接关系，当对任意一个图层执行变换操作时，将会影响到其链接图层。其目的是便于同时移动、复制多层图像，合并、排列和分布图层，以及对各图层中的图像进行统一变形。
- 按钮组：面板底部有七个按钮，分别用于完成相对应的图层操作，从左到右依次为链接图层、添加图层样式、添加图层蒙版、创建新的填充或调整图层、创建新组、创建新图层和删除图层。
- 当前图层：即当前正在编辑的图层，选中时会加深色来显示。在"图层"面板中单击某个图层，该图层即成为当前图层；按住Ctrl键单击多个图层的名称，这些图层都将被选中，成为当前图层。

3.2 图层的基本操作

在Photoshop CS6中，图层的基本操作主要包括新建、删除、复制、合并、重命名以及调整图层叠放顺序等。下面将对这些操作逐一进行介绍。

3.2.1 新建图层

若在当前图像中绘制新的对象时，通常需要创建新的图层，其方法是：首先执行"图层"→"新建"→"图层"命令，打开如图3-26所示的"新建图层"对话框，设置完成后单击"确定"按钮即可。也可以直接使用鼠标单击"图层"面板下方的"创建新图层"按钮，即可在当前图层上面新建一个图层，新建的图层将自动成为当前图层。

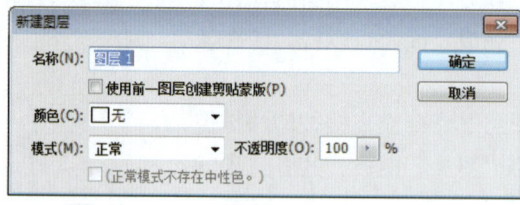

图3-26

3.2.2 复制图层

在绘制图像时，如果需要两个或两个以上的同一对象，可以通过复制该对象所在的图层来实现，其方法是：在"图层"面板中选择相应的图层，单击鼠标右键，从弹出的快捷菜单中执行"复制图层"命令，打开如图3-27所示的"复制图层"对话框，为复制的图层进行重命名，并在"文档"下拉列表框中选择复制图层的目标文档，设置完成后单击"确定"按钮即可。

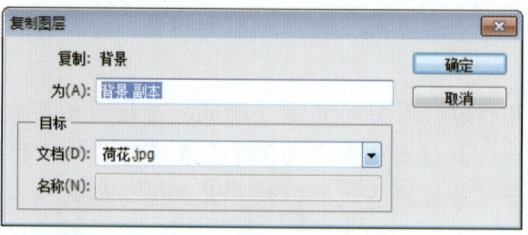

图3-27

提示

为了减少图像文件占用的磁盘空间，在编辑图像时，通常会将不再使用的图层删除。删除图层的方法是：右击需要删除的图层，在弹出的快捷菜单中执行"删除图层"命令；也可以在选中要删除的图层后，直接单击"图层"面板右下角"删除图层"按钮，删除选中的图层。

3.2.3 重命名图层

重命名图层的操作非常简单，既可以通过菜单命令实现，也可以通过"图层"面板实现。其方法是：在"图层"面板中选择相应的图层，双击其名称便可以进行重命名操作。

另外，右击图层，在弹出的快捷菜单中执行"图层属性"命令，在打开的"图层属性"对话框中也可以实现重命名操作。

3.2.4 锁定/解锁图层

锁定图层主要用于限制图层编辑的内容和范围，以避免误操作。单击"图层"面板中的四个锁定按钮，即可实现相应的图层锁定功能。各按钮的功能介绍如下所述。

- 锁定透明像素：锁定图层或图层组中的透明区域。当使用绘图工具绘图时，将只对图层的非透明区域（即有图像像素的部分）有效。
- 锁定图像像素：锁定图层或图层组中有像素的区域。选中此按钮后，任何绘图、编辑工具和命令都不能在图层上进行操作。选择绘图工具后，鼠标指针将显示为禁止编辑形状。
- 锁定位置：锁定像素的位置。选中此按钮，将不能对图层执行移动、旋转和自由变换等操作，但可以绘图和编辑。
- 锁定全部：完全锁定图层，不能对图层进行任何的操作。

锁定单个图层的操作为：首先选中需要锁定的图层，然后单击相应的锁定按钮即可。若再次单击锁定按钮，即可解锁图层。

3.2.5 合并图层

合并图层是指将多个图层合并为一个图层。图像中的图层越多，文件占用的磁盘空间也就越大。因此就需要将一些图层合并或拼合起来，以节省磁盘空间，同时还可以提高操作速度。

1. 合并图层

当需要合并两个或多个图层时，在"图层"面板中选中要合并的图层，执行"图层"→"合并图层"命令或单击"图层"面板右上角的三角按钮，在弹出的快捷菜单中执行"合并图层"命令，即可合并图层。

2. 向下合并图层

当需要将一个图层与其下面的图层合并时，选中该图层，执行"图层"→"向下合并图层"命令，合并后的图层以下方图层的名称命名，如图3-28和图3-29所示。

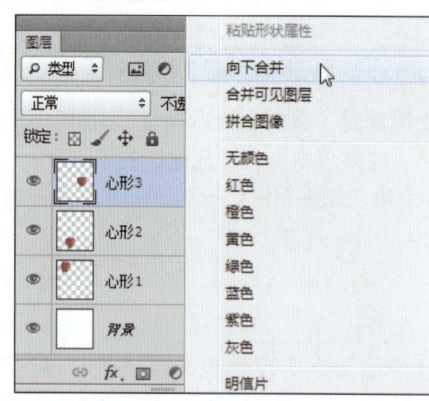
图3-28

图3-29

> **提示**
> 执行"图层"→"拼合图像"命令,Photoshop会将所有显示的图层合并到背景图层中。若有隐藏的图层,则会弹出提示对话框,询问是否要扔掉隐藏的图层。

3. 合并可见图层

当需要将所有可见图层合并为一个图层时,执行"图层"→"合并可见图层"命令,合并后的图层以合并前选择的图层的名称命名。

3.3 图层的高级操作

在Photoshop中,除了对图层执行一些基本操作外,还可以对其进行更详细的设置操作,如设置图层混合模式、应用图层样式等。下面将详细介绍图层的高级操作。

3.3.1 图层的混合操作

图层混合操作包括混合模式的设置和不透明度的设置。

1. 混合模式的设置

在"图层"面板中,可以方便地设置各图层的混合模式。在Photoshop CS6中,图层混合模式多达27种,如图3-30所示,选择不同的混合模式将会得到不同的效果。

混合模式的设置主要用于控制图层与图层之间像素颜色的相互作用。图层混合模式的设置效果及其功能如下所述。

- 正常:该模式为默认的混合模式,使用此模式时,图层之间不会发生相互作用,如图3-31所示。

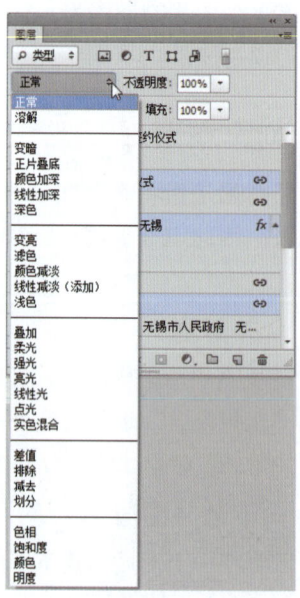
图3-30

- 溶解：在图层完全不透明的情况下，溶解模式与正常模式所得到的效果是相同的。若降低图层的不透明度时，图层像素不是逐渐透明化，而是某些像素透明，其他像素则完全不透明，从而得到颗粒化效果。不透明度越低，消失的像素就越多。如图3-32所示。

图3-31　　　　　　　　　　　　　　　图3-32

- 变暗：该模式的应用将会产生新的颜色，即：它对上下两个图层相对应像素的颜色值进行比较，取较小值得到自己各个通道的值，因此叠加后图像效果整体变暗，如图3-33所示。
- 正片叠底：该模式可用于添加阴影和细节，而不会完全消除下方的图层阴影区域的颜色。其中，任何颜色与黑色混合时仍为黑色，与白色混合时没有变化。该模式应用的计算方式是将两图层的颜色值相乘，然后除以255，所得到的结果就是最终效果，因而总会得到较暗的颜色，如图3-34所示。

图3 33　　　　　　　　　　　　　　　图3-34

- 颜色加深：该模式主要用于创建非常暗的阴影效果。使用该模式进行混合时将查看图层每个通道的颜色信息，通过增加对比度以加深图像颜色，如图3-35所示。
- 线性加深：使用该模式查看每一个颜色通道的颜色信息，加暗所有通道的基色，并通过提高其他颜色的亮度来反映混合颜色，与白色混合时没有变化，如图3-36所示。
- 深色：应用该模式将比较混合色和基色的所有通道值的总和，并显示值较小的颜色。正是由于它从基色和混合色中选择最小的通道值来创建结果颜色，因此该模式的应用不会产生第三种颜色，如图3-37所示。

● 变亮：此模式与变暗模式相反，混合结果为图层中较亮的颜色，如图3-38所示。

图3-35　　　　　　　　　　　　图3-36

图3-37　　　　　　　　　　　　图3-38

● 滤色：该模式的应用将上方图层像素的互补色与底色相乘，因此结果颜色比原有颜色更浅，具有漂白的效果，如图3-39所示。
● 颜色减淡：该模式的应用可以生成非常亮的合成效果，但是与黑色像素混合时无变化。其计算方法是查看每个颜色通道的颜色信息，通过增加对比度而使颜色变亮，如图3-40所示。

图3-39　　　　　　　　　　　　图3-40

● 线性减淡：应用该模式将查看每个颜色通道的信息，通过降低其亮度来使颜色变亮，但与黑色混合时无变化，如图3-41所示。
● 浅色：该模式的应用与"深色"模式的应用效果正好相反，如图3-42所示。

图3-41　　　　　　　　　　　　图3-42

- 叠加：该模式的应用将对各图层颜色进行叠加，保留底色的高光和阴影部分，底色不被取代，而是和上方图层混合来体现原图的亮部和暗部，如图3-43所示。
- 柔光：该模式的应用将根据上方图层的明暗程度来决定最终的效果是变亮还是变暗。当上方图层颜色比50%灰色亮时，图像变亮，相当于减淡；当上方图层颜色比50%灰色暗时，图像变暗，相当于加深。如图3-44所示。

图3-43　　　　　　　　　　　　图3-44

- 强光：该模式的应用效果与柔光类似，但其加亮与变暗的程度比柔光模式强很多，如图3-45所示。
- 亮光：该模式的应用将通过增加或降低对比度来加深和减淡颜色。如果上方图层颜色比50%的灰度亮，则图像通过降低对比度来减淡，反之图像被加深。如图3-46所示。

图3-45　　　　　　　　　　　　图3-46

- 线性光：该模式的应用将根据上方图层颜色增加或降低亮度来加深或减淡颜色。若上方图层颜色比50%的灰度亮，则图像增加亮度，反之图像变暗。如图3-47所示。
- 点光：该模式的应用将根据颜色亮度，决定上方图层颜色是否替换下方图层颜色。若上方图层颜色比50%的灰度高，则上方图层的颜色被下方图层的颜色替代，否则保持不变。如图3-48所示。

图3-47　　　　　　　　　　　　　　　图3-48

- 实色混合：应用该模式后将使两个图层叠加后具有很强的硬性边缘，如图3-49所示。
- 差值：该模式的应用将使上方图层颜色与底色的亮度值互减，取值时以亮度较高的颜色减去亮度较低的颜色，较暗的像素被较亮的像素取代，而较亮的像素不变，如图3-50所示。

图3-49　　　　　　　　　　　　　　　图3-50

- 排除：该模式的应用效果与差值模式相类似，但图像效果会更加柔和，如图3-51所示。
- 减去：该模式的应用是将当前图层与下面图层中图像色彩进行相减，将相减结果呈现出来。在8位和16位的图像中，如果相减的色彩结果是负值，则颜色值为0。如图3-52所示。
- 划分：该模式的应用是将上一层的图像色彩以下一层的颜色为基准进行划分所产生的效果，如图3-53所示。
- 色相：该模式的应用是将采用底色的亮度、饱和度以及上方图层中图像的色相作为结果色。混合色的亮度及饱和度与底色相同，但色相则由上方图层的颜色决定。如图3-54所示。

图3-51

图3-52

图3-53

图3-54

- 饱和度：该模式的应用是采用底色的亮度、色相以及上方图层中图像的饱和度作为结果色。混合后的色相及明度与底色相同，但饱和度由上方图层决定。若上方图层中图像的饱和度为0，则原图没有变化。如图3-55所示。
- 颜色：该模式的应用是采用底色的亮度以及上方图层中图像的色相和饱和度作为结果色。混合后的明度与底色相同，颜色由上方图层图像决定。如图3-56所示。

图3-55

图3-56

- 明度：该模式的应用是将采用底色的色相饱和度以及上方图层中图像的亮度作为结果色。此模式与颜色模式相反，其色相和饱和度由底色决定。如图3-57所示。

图3-57

2. 不透明度的设置

在默认状态下,图层的不透明度为100%,即完全不透明。如果降低图层的不透明度(如图3-58所示),就可以透过该图层看到其下面图层上的图像,如图3-59所示。

图3-58

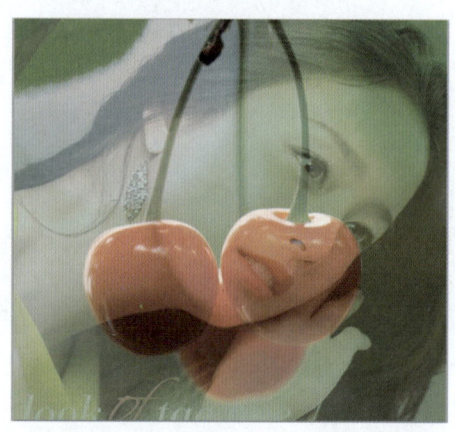

图3-59

> **提示**
>
> 在"图层"面板中,"不透明度"和"填充"两个选项都可用于设置图层的不透明度,但其作用范围是有区别的:"填充"只用于设置图层的内部填充颜色,对添加到图层的外部效果(如投影)不起作用。

3.3.2 图层样式的应用

图层样式的设置与上述图层高级混合的操作相类似,其方法有如下三种。

(1)执行"图层"→"图层样式"下拉菜单中的样式命令,打开"图层样式"对话框,进入到相应效果的设置面板。

(2)双击需要添加图层样式的图层,也可以打开"图层样式"对话框。

(3)单击"图层"面板底部的"添加图层样式"按钮,从弹出的下拉菜单中任意选择一种样式,打开"图层样式"对话框。

在该对话框中,单击左侧样式列表中的选项,可进入具体的参数设置面板,若选中多个复选框,则可同时为图层添加多种样式效果,如图3-60和图3-61所示。

第3章 户外广告设计

图3-60

图3-61

1. 投影和内阴影

在图层中应用投影效果，可使图像产生立体感。打开"投影"样式面板的方法是：在"图层样式"对话框中勾选"投影"复选框，并单击该选项即可。其中，该面板中各选项的含义如表3-1所述。

表3-1

序号	选项	意义
01	混合模式(B)：正片叠底	在该下拉列表框中可选择投影的混合模式。单击其右端的颜色块，还可以设置投影的颜色
02	不透明度(O)：75 %	设置阴影的不透明度，取值范围为0%～100%。其中0%为全透明，100%为完全不透明
03	角度(A)：83 度 ☑使用全局光(G)	设置投影的角度，默认值为120度。若勾选"使用全局光"复选框，则可以指定图像所应用的所有图层样式使用相同的角度值
04	距离(D)：5 像素	输入数值或拖动滑块，设置投影效果与当前图层的相对位置
05	扩展(R)：0 %	输入数值或拖动滑块，设置阴影的模糊程度，值越大，越模糊
06	大小(S)：5 像素	输入数值或拖动滑块，设置投影效果的影响范围，值越大，投影范围也越大
07	等高线 ☐消除锯齿(L)	单击该图标右侧的下拉按钮，在弹出的下拉面板中选择投影的轮廓。如果要通过混合颜色来消除边缘锯齿效果，可勾选"消除锯齿"复选框
08	杂色(N)：0 %	拖动滑块或输入数值，可以在阴影中添加一些杂色，值越大，效果越明显

在图层中应用"内阴影"样式，可以为图层的边缘添加阴影，从而使图层呈现内陷的效果。

> **提示**
>
> "内阴影"样式面板中的选项与"投影"样式面板基本相同，其中，"投影"是在图层内容的背后添加阴影；而"内阴影"则是在图层边缘内添加阴影，使图层呈现内陷的效果。此外，"内阴影"样式面板中"阻塞"选项的值越大，则阴影的边缘就越明显。

2. 外发光和内发光

Photoshop有"外发光"和"内发光"两种发光效果，发光样式的设置可以使图像的边缘产生光晕效果，各选项的含义如表3-2所述。

表3-2

序号	选项	意义
01	○ □ ○ ▬▬▬	用于设置发光的颜色。选中颜色块对应的单选按钮，可以设置发光颜色为某种单色；选中渐变颜色条对应的单选按钮，可设置发光颜色为渐变色
02	方法(Q): 柔和	用于设置发光效果的柔和度，其中提供了"柔和"和"精确"两个选项："柔和"使用基于模糊技术创建发光，适用于所有类型的蒙版；"精确"使用距离测量技术创建发光，主要用于消除锯齿形状的硬边蒙版
03	扩展(P): 0 %	用于设置发光效果的模糊效果，值越大，发光效果就越模糊
04	大小(S): 5 像素	用于设置发光效果范围的大小，值越大，发光效果的范围就越大，效果也越明显
05	范围(R): 50 %	用于设置发光范围
06	抖动(J): 0 %	用于设置发光效果的随机值，即渐变颜色和不透明度随机化
07	阻塞: 0 %	用于设置模糊之前收缩发光的边界
08	源: ○居中(E) ○边缘(G)	用于设置发光的位置，若选中"居中"单选按钮，则从图像中心发光；若选中"边缘"单选按钮，则从图像的边缘发光

3. 斜面和浮雕

使用"斜面和浮雕"样式，可以为图层添加不同组合方式的浮雕效果，从而增加图像的立体感。"斜面和浮雕"样式的面板设置如图3-62所示。

第3章 户外广告设计

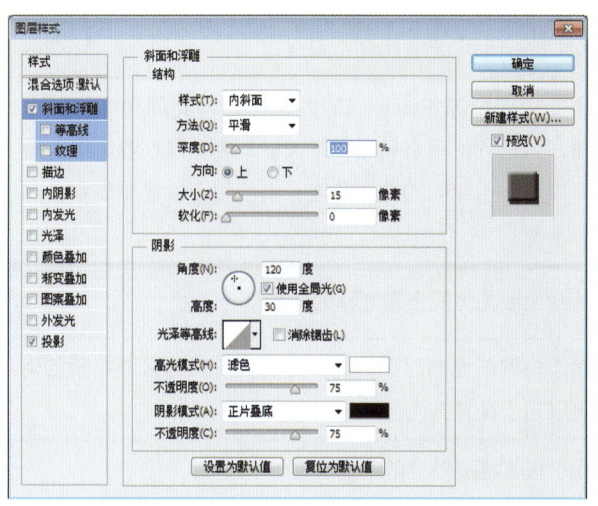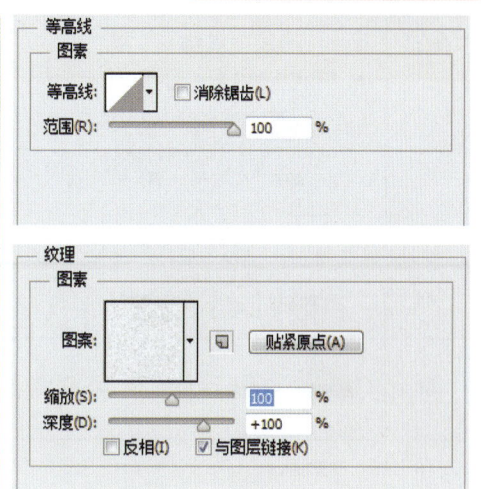

图3-62

其中各选项的设置含义如表3-3所示。

表3-3

序号	选项	意义
01	样式(T): 内斜面	用于设置斜面和浮雕的样式，其中提供了五种样式：内斜面、外斜面、浮雕效果、枕状浮雕和描边浮雕。其中，"内斜面"在图像内边缘创建斜面，"外斜面"在图像外边缘创建斜面，"浮雕效果"使图像相对于下层图像呈现出浮雕效果，"枕状浮雕"创建出将图像边缘压入下层图像中的效果，"描边浮雕"应用于描边图像的边界
02	方法(Q): 平滑	用于设置浮雕的平滑效果，其中提供了三种方法：平滑、雕刻清晰和雕刻柔和。"平滑"使用一种基于模糊的平滑技术，适用于所有类型的边缘；"雕刻清晰"使用距离测量技术，主要用于消除锯齿的几何图形的硬边；"雕刻柔和"使用修改的距离测量技术，适用于较大范围边缘的图像，其效果优于"平滑"
03	深度(D): 100%	用于设置浮雕效果的深度，值越大，浮雕效果越明显
04	方向: 上 下	用于设置斜面和浮雕的方向，提供了"上"和"下"两个选项
05	大小(Z): 5 像素	用于设置斜面和浮雕范围的大小
06	软化(F): 0 像素	用于设置斜面和浮雕效果的柔和度

059

续表

序号	选项	意义
07	角度(N): 83 度 使用全局光(G) 高度: 45 度	角度用于设置斜面和浮雕的角度,即亮部和暗部的方向;勾选"使用全局光"复选框,表示同一图像中的所有图层应用相同的光照角度;高度用于设置亮部和暗部的高度
08	光泽等高线: 消除锯齿(L)	为图像添加类似金属光泽的效果
09	高光模式(H): 滤色	用于设置斜面和浮雕高亮部分的模式,其右侧的颜色块可以用于设置高光区域的颜色
10	不透明度(O): 75 %	用于设置高亮部分的不透明度
11	阴影模式(A): 正片叠底	用于设置斜面和浮雕的暗部模式。该下拉列表框右侧的颜色框用于设置阴影颜色,其下的"不透明度"选项用于设置暗部的不透明度
12	图案: 贴紧原点	用于选择图案。若单击"贴紧原点"按钮,则可以将移动后的图案恢复到原位置
13	缩放(S): 100 %	用于设置纹理的缩放比例
14	深度(D): +100 %	用于设置纹理的深度和方向
15	□反相(I) ☑与图层链接(K)	若勾选"反相"复选框,则可将设置的纹理反相;若勾选"与图层链接"复选框,则可将图案与图层链接,以实现图案与图层的统一移动与变形

4. 光泽

在图层中应用"光泽"样式,可用于模拟物体的内反射效果。由于"光泽"样式面板中的选项设置与上述样式中选项的意义和功能相类似,这里将不再重复介绍。

5. 描边

"描边"样式的应用可以为图层添加描边效果,描边前后的效果分别如图3-63和图3-64所示。

图3-63

图3-64

6. 颜色叠加、渐变叠加和图案叠加

颜色叠加、渐变叠加和图案叠加这三种样式都是在图层上填充像素，其中，颜色叠加是在图层对象上填充单一颜色，渐变叠加是在图层对象上填充一种渐变颜色，而图案叠加则是在图层对象上填充一种图案，其应用效果分别如图3-65、图3-66和图3-67所示。

图3-65

图3-66

图3-67

【拓展实训】

拓展实训1：制作荧光字

💻 设计要领

（1）利用文本工具输入文字。

（2）设置图层样式，为字母添加立体效果。

（3）为字母添加内发光和外发光效果。

最终效果如图3-68所示。本实训文件在"资料\素材文件\第3章"目录下。

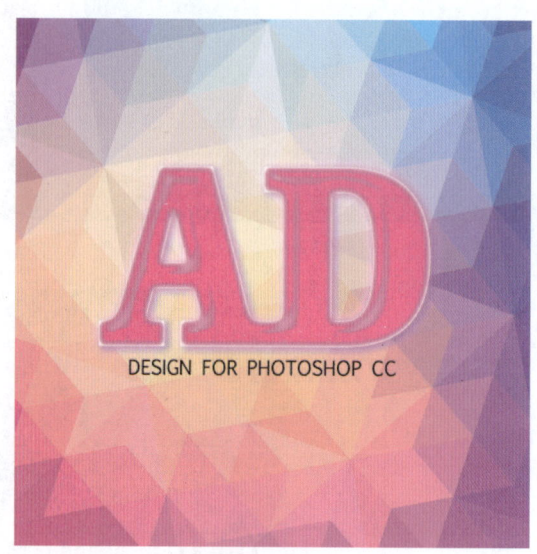

图3-68

拓展实训2：为照片添加边框

💻 设计要领

（1）导入素材图像。

（2）绘制矩形边框并设置图层样式，使其有立体感。

（3）为边框设置纹理效果。

最终效果如图3-69所示。本实训文件在"资料\素材文件\第3章"目录下。

图3-69

第4章
04 灯箱广告设计

内容概要：

在Photoshop中，文字是一种特殊的图像结构，由像素组成，与当前图像具有相同的分辨率，字符放大时会有锯齿，同时又具有基于矢量边缘的轮廓。本章将对文本的应用进行详细介绍。

知识要点：

- 文字工具的应用
- 文字格式的设置
- 文字效果的设置
- "字符"面板的应用
- 段落格式的设置
- 变形文字

知识要点：

我们要确立和坚持马克思主义在意识形态领域指导地位的根本制度，社会主义核心价值观广泛传播，中华优秀传统文化得到创造性转化、创新性发展，文化事业日益繁荣，网络生态持续向好，意识形态领域形势发生全局性、根本性转变。

课时安排：

理论教学2课时
上机实训4课时

实训效果图：

【实训精讲】

"竹叶香"粽子系列灯箱广告设计

实训描述

本实训介绍的是一个灯箱广告,画面以真实的产品为主题,草绿色的背景体现天然绿色食品的特点,画面简洁,质感丰富,让受众看完广告介绍后便有购买的欲望。

实训文件

本实训素材文件和最终文件在"资料\素材文件\第4章"目录下,本实训的操作视频在"资料\操作视频\第4章"目录下。

实训详解

在制作过程中,该实训由两部分内容组成,首先通过添加图层蒙版创建融合的背景图像;其次添加产品图像,并调整图像的亮度;最后添加文字信息。下面将对本实训的制作过程进行详细讲解。

STEP 01 执行"文件"→"新建"命令,新建一个宽度为15厘米、高度为20厘米、分辨率为150像素/英寸的新文档,如图4-1所示。

STEP 02 单击"图层"面板底部的"创建新的填充或调整图层"按钮,在弹出的快捷菜单中执行"渐变填充"命令,如图4-2所示,创建渐变填充图层。

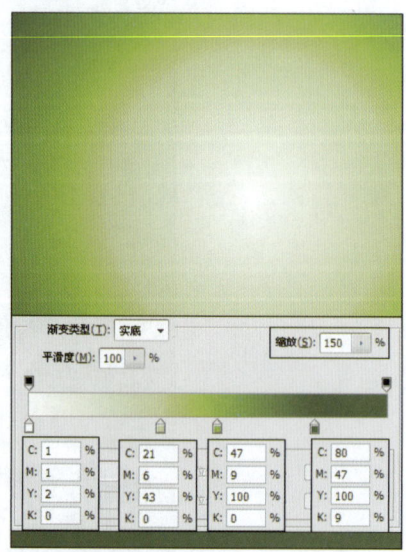

图4-1　　　　　　　　　　　　　图4-2

STEP 03 打开素材文件"竹子背景.jpg",将其拖至当前文档中,如图4-3所示,并调整其位置及大小。

STEP 04 单击"图层"面板底部的"添加矢量蒙版"按钮,如图4-4所示,在蒙版中进行绘制,隐藏部分图像,使之与背景融合。

图4-3

图4-4

STEP 05 复制图层,参照图4-5,继续在蒙版中进行绘制,创建背景图像。

STEP 06 打开素材文件"粽子.jpg",使用快速选择工具选中粽子图像将其拖至当前文档中,如图4-6所示,调整其大小及位置。

图4-5

图4-6

STEP 07 双击粽子图像所在图层的图层缩览图,如图4-7所示,在打开的"图层样式"对话框中进行设置,为图像添加"投影"图层样式。

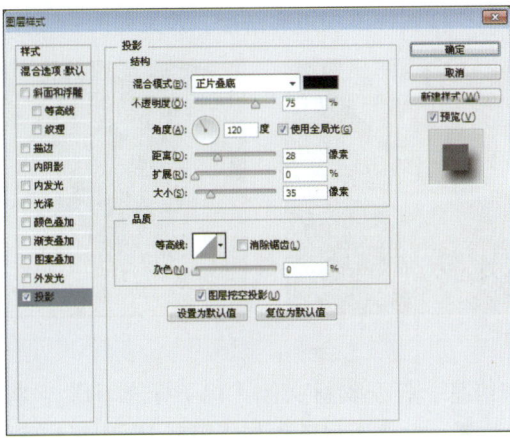
图4-7

STEP 08 将粽子图像载入选区，然后单击"图层"面板底部的"创建新的填充或调整图层"按钮，在弹出的快捷菜单中执行"曲线"命令，参数如图4-8所示，调整图像亮度。

STEP 09 使用矩形工具绘制白色矩形，使用钢笔工具调整路径，如图4-9所示。

图4-8

图4-9

STEP 10 为上一步骤创建的图层添加"渐变叠加"图层样式，参数如图4-10所示。

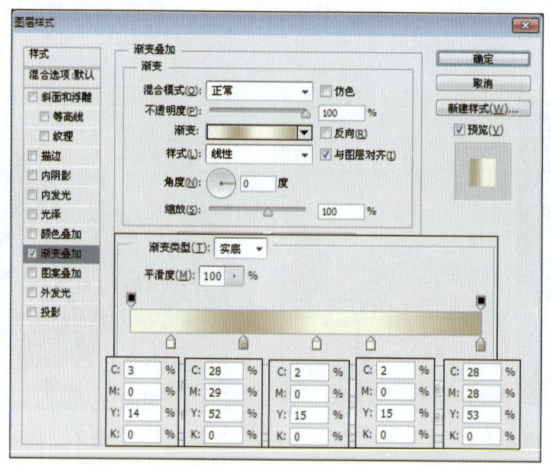
图4-10

STEP 11 复制上一步骤创建的图层，删除图层样式，并调整颜色为绿色，如图4-11所示。

STEP 12 继续使用矩形工具在视图中添加矩形路径，效果如图4-12所示。

图4-11

图4-12

STEP 13 接下来添加文字信息。打开素材文件"粽子标志.tif"，将其拖至当前文档，参照图4-13调整图像的大小及位置，并为图层添加与"矩形1"图层相同的图层样式。

STEP 14 使用横排文字工具添加文字，如图4-14所示。

图4-13

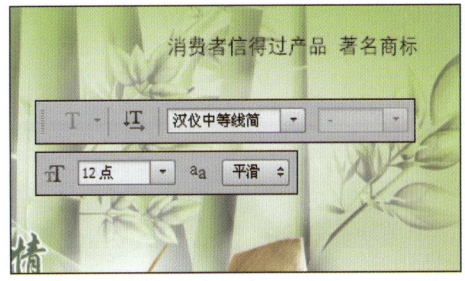

图4-14

STEP 15 继续使用横排文字工具添加文字，并添加3像素、白色描边效果，如图4-15所示。

STEP 16 单击横排文字工具选项栏中的"创建文字变形"按钮，在打开的"变形文字"对话框（如图4-16所示）中进行设置，创建变形文字。

图4-15　　　　　　　　　　　　　　图4-16

STEP 17 使用横排文字工具添加文字"粽子系列"，分别调整其字体大小为60、52、67、52点，在"字符"面板中调整字间距为－300，效果如图4-17所示。

STEP 18 为文字图层添加与"矩形 1"图层相同的图层样式，设置颜色为黄色，如图4-18所示，继续使用横排文字工具创建文字。

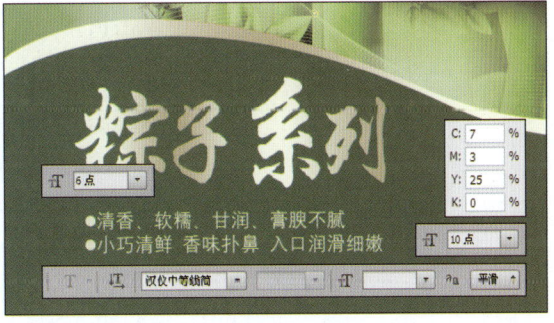

图4-17　　　　　　　　　　　　　　图4-18

STEP 19 继续如图4-19所示添加文字，结合使用直线工具与椭圆工具，创建形状。

STEP 20 保存文件。至此，本实训制作完成，最终效果如图4-20所示。

图4-19

图4-20

【从零起步】

4.1 输入文字

文字是设计中不可或缺的元素之一，它能辅助传递图像的相关信息。使用Photoshop对图像进行处理，若适当在图像中添加文字，则能让图像的画面感更完善。

4.1.1 文字工具组

在Photoshop CS6中，文字工具包括横排文字工具、直排文字工具、横排文字蒙版工具和直排文字蒙版工具。使用鼠标右键单击横排文字工具按钮T右下角的小三角形图标或按住左键不放，即可显示出该工具组中隐藏的子工具，如图4-21所示。

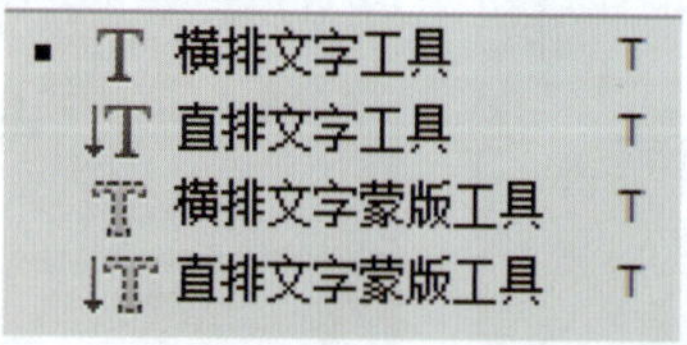

图4-21

横排文字工具是最基本的文字类工具之一，用于一般横行文字的处理，输入方式从左至右；直排文字工具与横排文字工具使用差不多，但是其排列方式为竖排式，输入方向由上至下；横排文字蒙版工具可创建出横排的文字选区，使用该工具时图像上会出现一层红色蒙版；直排文字蒙版工具与横排文字蒙版工具效果一样，只是方向为竖排文字选区。

选择文字工具后，在工具选项栏中将显示该工具的属性参数，其中包括了多个按钮和选项设置，如图4-22所示。

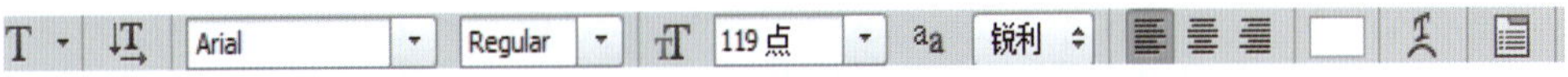

图4-22

其中，各选项的含义介绍如下所述。
- "更改文本方向"按钮：单击该按钮可实现文字横排和直排之间的转换。
- "字体"选项：用于设置文字字体。
- "设置字体样式"选项 Regular：用于设置文字加粗、斜体等样式。
- "设置字体大小"选项：用于设置文字的字体大小，默认单位为点。
- "设置消除锯齿的方法"选项：用于设置消除文字锯齿的模式。
- 对齐按钮组：用于快速设置文字对齐方式，从左到右依次为"左对齐""居中对齐"和"右对齐"。
- "设置文本颜色"色块：单击色块，在打开的"拾色器"对话框中可设置文本颜色。
- "创建文字变形"按钮：单击该按钮，在打开的"变形文字"对话框中可设置其变形样式。
- "切换字符和段落面板"按钮：单击该按钮，可快速打开"字符"面板和"段落"面板。

4.1.2 输入点文字

选择文字工具，在其工具选项栏中设置好字体和字号，然后在图像中单击，此时在图像中将出现相应的文本插入点，直接输入文字即可。

使用横排文字工具可以在图像中输入从左到右水平方向的文字，使用直排文字工具可以在图像中输入垂直方向的文字，如图4-23和图4-24所示。文字输入完成后，按Ctrl+Enter组合键或者单击文字图层即可。

图4-23

图4-24

如果需要调整已经创建好的文本排列方式，可以单击文本工具选项栏中的"切换文本取向"按钮，或是执行"类型"→"文本排列方向"→"横排"或"竖排"命令。

> **提示**
>
> 在输入文字时，若输入文字有误或需要更改文字，可按Backspace键将输入的文字逐个删除，或者单击工具选项栏中的"取消所有当前编辑"按钮◎，都可以取消文字的输入。

4.1.3 输入段落文字

若需要输入的文字内容较多，可通过创建段落文字的方式来进行文字输入，以便对文字进行管理并对格式进行设置。

选择文字工具，将鼠标指针移动到图像窗口中，当鼠标指针变成插入符号时，按住鼠标左键并拖动鼠标，此时在图像窗口中将拉出一个文本框。文本插入点会自动插入到文本框前端，然后在文本框中输入文字，当文字到达文本框的边界时会自动换行。如果文字需要分段时，按Enter键即可，如图4-25和图4-26所示。

图4-25

图4-26

若开始绘制的文本框较小，会导致输入的文字内容不能完全显示在文本框中，此时将鼠标指针移动到文本框四周的控制点上拖动鼠标调整文本框大小，使文字全部显示在文本框中。

> **提示**
>
> 根据需要，点文字与段落文字之间是可以相互转换的，其最主要的区别在于：在选取文本后，段落文本的边界处有一个文本框；而选取点文本后，点文本的每一行下有下划线。执行"类型"→"转换为点文本"命令或执行"类型"→"转换为段落文本"命令均可实现此功能。

4.2 设置文字格式

在Photoshop中，无论是点文字还是段落文字，都可以根据需要设置字体的类型、大小、字距、基线移动以及颜色等属性，让文字更贴近想要表达的主题，并使整个画面的版式更具艺术性。

4.2.1 "字符"面板

单击"字符"按钮 ,即可弹出如图4-27所示的"字符"面板。在该面板中可以对文字设置更多的选项,如行间距、竖向缩放、横向缩放、比例间距和字符间距等。

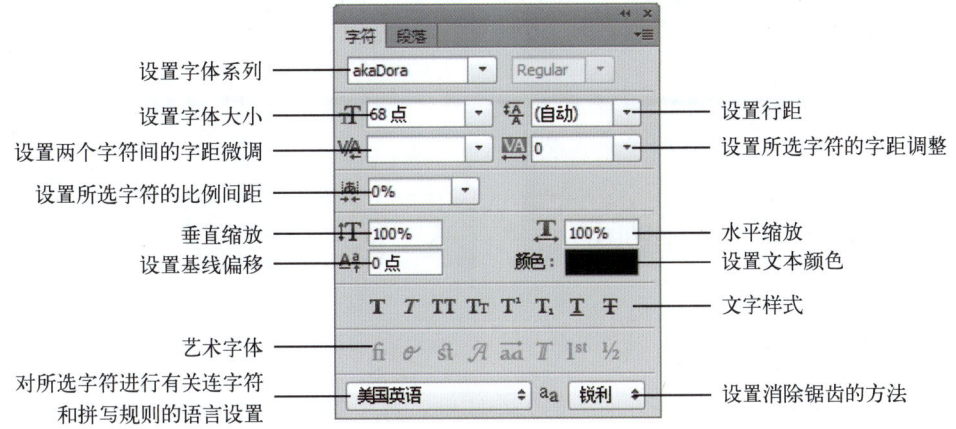

图4-27

下面介绍面板中主要选项的功能。

- "设置行距" :用于设置输入文字行与行之间的距离。
- "字距调整" :用于设置文字字与字之间的距离。
- "比例间距" :用于设置文字字符间的比例间距,数值越大则字距越小。
- "垂直缩放" :用于设置文字垂直方向上的缩放大小,即高度。
- "水平缩放" :用于设置文字水平方向上的缩放大小,即宽度。
- "基线偏移" :用于设置文字在默认高度基础上向上(正)或向下(负)偏移。
- 文字效果按钮组 T T TT Tr T¹ T₁ T F :单击相应按钮可为文字添加对应的特殊效果,包括仿粗体、仿斜体、全部大写字母、小型大写字母、上标、下标、下划线和删除线8种。

> **提 示**
>
> "消除锯齿"选项有五种可消除锯齿的方法:"锐利"使文字边缘显得最为锐利;"犀利"使文字边缘显得稍显锐利;"平滑"使文字边缘更加平滑;"浑厚"将使文字显得粗重;"无"即不应用该选项。

4.2.2 设置文字格式

在设计作品中,如果只是输入文本,会使文字版面显得很单调,这就需要对文本格式进行设置。文字的格式设置包括文字的行距、间距、垂直和水平缩放等。

1. 选择文字

若要修改文本,首先要选择文本。在"图层"面板中双击文字图层缩览图即可选择全部文字,如图4-28所示。若要选择部分文字,则应先单击文字工具,将光标移动到需要选择的文字开始处单击并拖动鼠标,此时被选择的文字呈反色显示,如图4-29所示。

图4-28　　　　　　　　　　　　　图4-29

2. 调整垂直和水平缩放

文字的垂直缩放即文字垂直方向上的大小比例，水平缩放即文字水平方向上的大小比例。输入文字后可对全部文字或部分文字进行高度或宽度的调整。具体的操作方法为：选中需要调整字符水平或垂直缩放比例的文本，在"字符"面板的垂直缩放 IT 文本框或水平缩放 T 文本框中输入数值，即可缩放所选的文本。图4-30、图4-31和图4-32所示的"家"字分别为标准、竖向50%、横向50%的缩放效果。

图4-30　　　　　　　　　　图4-31　　　　　　　　　　图4-32

3. 调整行距

行距即文字行与行之间的距离。默认情况下的行距为"自动"。调整行距的具体操作方法为：选择要调整行距的文本，在"字符"面板的设置行距 下拉列表中选择或输入数值，即可对行距进行调整。图4-33、图4-34和图4-35所示分别为行距为自动、10点、24点的文字效果。

  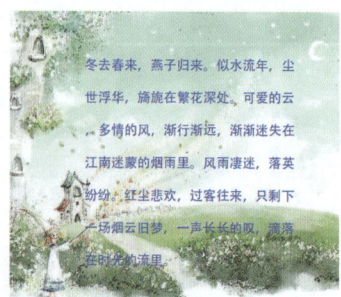

图4-33　　　　　　　　　　图4-34　　　　　　　　　　图4-35

> **提示**
>
> 选中文字所在图层，按Ctrl+T组合键，可打开自由变换框变换文字。而当文字处于被选中状态下，按Ctrl+T组合键，将会打开"字符"面板。

4. 调整间距

调整间距有以下两种方式。

（1）设置所选字符的字距调整：选取要调节字符间距的文本，在"字符"面板"设置所选字符的字距调整"下拉列表框  中输入字符间距的数值，即可调整字符间距。数值越大，字符间距增加；数值越小，字符间距减少。

（2）设置所选字符的比例间距："比例间距"是指按指定的百分比值减少字符周围的空间，字符本身并不因此被伸展或挤压。当向字符添加比例间距时，字符两侧的间距按相同的百分比减小，百分比越大，字符间压缩就越紧密，如图4-36所示。

图4-36

4.2.3 设置文字效果

在制作图像时，一些独特的文字效果往往更加吸引人的注意。通过改变文字的颜色，为文字添加粗体、斜体或转换为全部大写，以及为文字添加上标和下标、下划线和删除线等，能让文字效果更丰富多彩。

1. 调整文字颜色

调整文字的颜色可以设置整个文本的颜色，也可以针对单个字符。设置文字颜色的具体方法为：选择需要调整颜色的文字，在属性栏中单击颜色色块，在弹出的"拾色器"对话框中设置颜色，也可以在"字符"面板的"颜色"选项中设置文字颜色。

> **提示**
>
> 如果设置了单独字符的颜色，那么当选择文字图层时选项栏中的颜色缩览图将显示为"?"。

2. 添加文字效果

在Photoshop CS6中，在"字符"面板中单击文字效果按钮组 **T** *T* TT Tr T¹ T₁ T T̲ 中相应的选项，即可为文字添加对应的特殊效果。这些文字样式可以重复使用，能够依次单击多个按钮应用多种样式，如图4-37和图4-38所示。

图4-37

图4-38

4.2.4 设置段落格式

设置段落格式包括设置文字的对齐方式和缩进方式等。不同的段落格式具有不同的文字效果。段落格式的设置主要通过"段落"面板来实现。

执行"窗口"→"段落"命令，打开如图4-39所示的"段落"面板，从中单击相应的按钮或输入数值，即可对文字的段落格式进行调整。

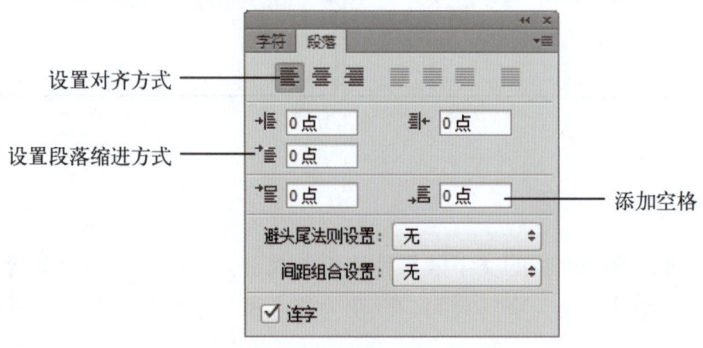
图4-39

"段落"面板中各主要选项的含义介绍如下。

- "对齐方式"按钮组：从左到右依次为"左对齐文本""居中对齐文本""右对齐文本""最后一行左对齐""最后一行居中对齐""最后一行右对齐"和"全部对齐"。
- "缩进方式"按钮组："左缩进"按钮 （段落的左边距离文字区域左边界的距离）、"右缩进"按钮 （段落的右边距离文字区域右边界的距离）、"首行缩进"按钮 （每一段的第一行留空或超前的距离）。
- "添加空格"按钮组："段前添加空格"按钮 用于设置当前段落与上一段的距离），而"段后添加空格"按钮 用于设置当前段落与下一段落的距离。
- "避头尾法则设置"选项：用于将换行集设置为宽松或严格。
- "间距组合设置"选项：用于设置内部字符集间距。
- "连字"复选框：勾选该复选框可将文字的最后一个英文单词拆开，形成连字符号，而剩余的部分则自动换到下一行。

提示

如果同时设置段前和段后空格，那么在各个段落之间的分隔空间则是段前和段后分隔空间之和。

4.3 编辑文本内容

利用Photoshop CS6中的文字工具输入文字后，还可以对文字进行一些更为高级的编辑操作，如更改文本的排列方式、变形文字以及沿路径绕排文字等。

4.3.1 栅格化文字图层

文字图层是一种特殊的图层，具有文字的特性，可对其文字大小、字体等进行修改。但是如果要在文字图层上进行绘制图形、应用滤镜等操作，则需要将文字图层转化为普通图层。文字的栅格化即是指文字图层转换成普通图层，如图4-40和图4-41所示。

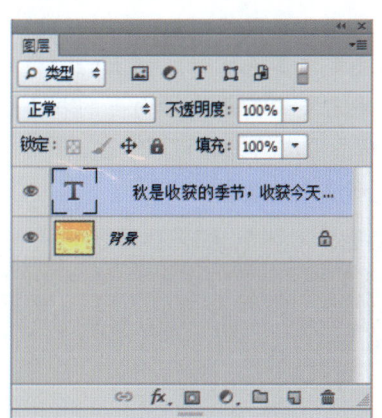
图4-40

图4-41

转换后的文字图层中可以应用各种滤镜效果，而文字图层以前所应用的图层样式并不会因转换而受到影响。文字图层栅格化后，将无法对文件进行字体的更改。栅格化文字图层主要有以下两种方法。

（1）选中文字图层，执行"图层"→"栅格化"→"文字"命令或者执行"类型"→"栅格化文字图层"命令。

（2）选中文字图层，在图层名称上单击鼠标右键，在弹出的快捷菜单中执行"栅格化文字"命令。

提示

文本的排列方式有横排文字和直排文字两种，这两种排列方式是可以相互转换的。首先选择要更改排列方式的文本，在属性栏中单击"更改文本方向"按钮或者执行"类型"→"文本排列方向"→"横排"或"竖排"命令，均可实现文字横排和直排之间的转换。

4.3.2 变形文字

变形文字是指对文字的水平形状和垂直形状做出调整，让文字效果更显多样化。Photoshop CS6提供了15种文字的变形样式，分别为扇形、下弧、上弧、拱形、凸起、贝壳、花冠、旗帜、波浪、鱼形、增加、鱼眼、膨胀、挤压和扭转，使用这些样式可以创建多种艺术字体。

执行"类型"→"文字变形"命令或单击工具选项栏中的"创建文字变形"按钮，均可以打开如图4-42所示的"变形文字"对话框。

"变形文字"对话框中的主要选项及按钮的含义如下所述。

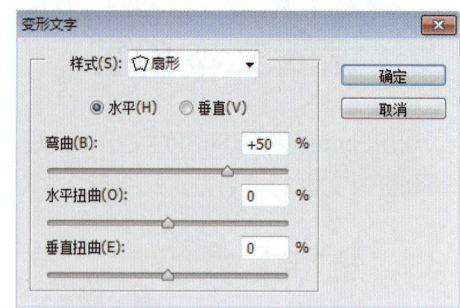

图4-42

- 样式：用于设置文本最终的变形效果。该下拉列表中包括各种变形的样式，选择不同的选项，文字的变形效果也各不相同。
- 水平或垂直：用于设置文本的变形是在水平方向还是在垂直方向上进行。
- 弯曲：用于设置文字的弯曲方向和弯曲程度。参数为0时无任何弯曲效果。
- 水平扭曲：用于对文字应用透视变形，决定文本在水平方向上的扭曲程度。
- 垂直扭曲：用于对文字应用透视变形，决定文本在垂直方向上的扭曲程度。

结合"水平"和"垂直"方向上的控制以及弯曲度的协助，可以为图像中的文字增加许多效果，图4-43和图4-44所示分别为凸起变形和扇形文字的效果。

图4-43

图4-44

> **提示**
>
> 变形文字工具只针对整个文字图层而不能单独针对某些文字。如果要制作多种文字变形混合的效果，可以通过将文字输入不同的文字图层，然后分别设定变形的方法来实现。

4.3.3 将文字转换为工作路径

在图像中输入文字后，选中文字图层，单击鼠标右键，在弹出的快捷菜单中执行"创建工作路径"命令或执行"类型"→"创建工作路径"命令，均可将文字转换为文字形状的路径。

转换为工作路径后，可以使用路径选择工具对文字路径进行移动，调整工作路径的位置。同时，还能使用Ctrl+Enter组合键将路径转换为选区，让文字在文字型选区、文字型路径以及文字型形状间进行相互转换，变换出更多效果，如图4-45和图4-46所示。

图4-45　　　　　　　　　　　　　　图4-46

提 示

将文字转换为工作路径后，原文字图层保持不变，且可继续进行编辑。同时，文字的工作路径可以像其他路径一样执行存储、填充和描边等操作，但是不能将路径文字的字符作为文本来编辑。

4.3.4　沿路径绕排文字

沿路径绕排文字的实质就是让文字跟随路径的轮廓形状进行自由排列，这样可以有效地将文字和路径结合，扩充了文字的图像效果。

选择钢笔工具或形状工具，在工具选项栏中选择"路径"选项，在图像中绘制路径，然后使用文本工具，将鼠标指针移至路径上方，当鼠标指针变为形状时，在路径上单击，光标将会自动吸附到路径上，此时即可输入文字。按Ctrl+Enter组合键确认，即可得到文字按照路径走向排列的效果，如图4-47和图4-48所示。

图4-47　　　　　　　　　　　　　　图4-48

提 示

在创建文本绕排路径时，绘制路径的方向决定了Photoshop如何放置文本。如果从左向右绘制路径，文本在线上方流动；如果是相反方向，则会颠倒显示。翻转文本，将路径上的左右两端反向拖动。

【拓展实训】

拓展实训1：制作立体文字效果

设计要领

（1）绘制背景线条网格。
（2）使用横排文字工具输入黑色的文本。
（3）编辑文本内容。
（4）调整文字的色调并添加投影效果。

最终效果如图4-49所示。本实训文件在"资料\素材文件\第4章"目录下。

图4-49

拓展实训2：制作一个简单的菜单文件

设计要领

（1）布局图形并导入菜品图案。
（2）利用横排文字工具输入菜名。
（3）利用文字工具输入地址和电话等信息，并设置其格式。

最终效果如图4-50所示。本实训文件在"资料\素材文件\第4章"目录下。

米粉

米饭

豆腐汤

图4-50

第5章 POP广告设计

内容概要：

在Photoshop中，常见的绘图工具包括画笔工具、形状工具、历史记录画笔工具、模糊工具等。本章将对这些工具的使用方法与应用技巧进行详细介绍，通过对这些内容的学习，不但可以掌握绘图工具的使用方法和技巧，还可以加以综合应用，从而制作出更加美观的设计作品。

知识要点：

- 画笔工具组的应用
- 形状工具组的应用
- 橡皮擦工具的应用
- 图章工具组的应用
- 减淡工具组的应用
- 历史记录工具组的应用

课程思政：

我们要始终坚持人民至上，全面建成社会主义现代化强国，人民是决定性力量。要积极发展全过程人民民主，坚持党的领导、人民当家作主、依法治国有机统一，健全人民当家作主制度体系，实现人民意志，保障人民权益。

课时安排：

理论教学3课时
上机实训6课时

实训效果图：

【实训精讲】

"乐派"平板电脑POP广告设计

实训描述

本实训设计的是一则平板电脑的POP广告,在设计过程中应用了多张图片,通过合理的摆放,使其具有很好的空间感。

实训文件

本实训素材文件和最终文件在"资料\素材文件\第5章"目录下,本实训的操作视频在"资料\操作视频\第5章"目录下。

实训详解

在整个设计过程中,首先准备各种素材,随后导入文件并调整其位置,使用仿制图章工具修掉人物作为背景;其次,添加产品图像,将人物放置产品上方,图片就呈现了空间感;然后添加动物图像丰富背景;最后添加文字信息。下面将对本实训的制作过程进行详细讲解。

STEP 01 创建一个宽度为18.8厘米、高度为132.5厘米、分辨率为150像素/英寸的新文档,如图5-1所示。

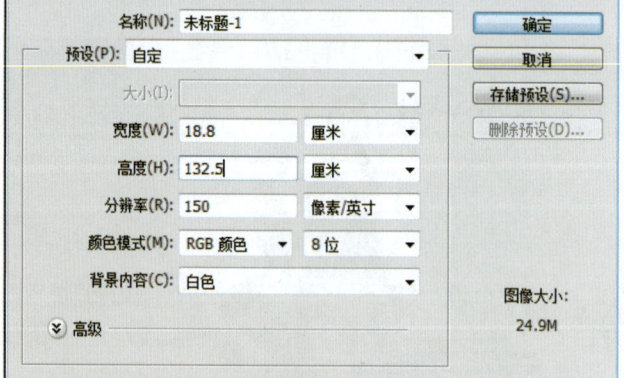

图5-1

STEP 02 打开素材文件"欧美人物.jpg",将其拖至正在编辑的文档中,使用快速选择工具选中人物图像,效果如图5-2所示。

STEP 03 使用快捷键Ctrl+J复制图像,并创建新图层,缩小人物图像,并移动至视图中央,效果如图5-3所示。

图5-2　　　　　　　　　　　　　　　图5-3

STEP 04 向上稍微移动欧美人物图像，并使用仿制图章工具在视图中将人物修除，效果如图5-4所示。

STEP 05 打开素材文件"草地.jpg"，将其拖至正在编辑的文档中，如图5-5所示。

图5-4　　　　　　　　　　　　　　　图5-5

STEP 06 为图层添加图层蒙版，并在蒙版中绘制黑色渐变，隐藏边缘图像，使之与背景融合，如图5-6所示。

图5-6

STEP 07 打开素材文件"平板电脑.jpg"，使用钢笔工具抠出图像，将其拖至正在编辑的文档中，将图像载入选区，如图5-7所示。

STEP 08 随后调整图像的亮度和对比度，效果如图5-8所示。

图5-7　　　　　　　　　　　　　　　图5-8

STEP 09 复制平板电脑图像，使用快捷键Ctrl+U调整图像的"明度"参数为-100，然后执行"滤镜"→"模糊"→"高斯模糊"命令，设置模糊"半径"为15像素，调整图层顺序到平板电脑图像的下方作为阴影，效果如图5-9所示。

STEP 10 打开素材文件"书本.tif"，将其拖至当前正在编辑的文档中。再将之前抠好的人物图像拖至合适位置，并使用橡皮擦工具擦除人物阴影部分图像，效果如图5-10所示。

图5-9　　　　　　　　　　　　　　　图5-10

STEP 11 打开素材文件"长颈鹿.jpg"和"斑马.jpg"，将其拖至当前正在编辑的文档中，如图5-11所示。

STEP 12 调整图像的位置，并调整图层的混合模式为"正片叠底"，复制并缩小斑马图像，打造视觉上的远近和透视效果，如图5-12所示。

图5-11　　　　　　　　　　　　　　图5-12

STEP 13 仔细观察这些动物都是透明的，在动物图像所在图层的下方新建图层，如图5-13所示，使用白色柔边缘的画笔工具进行绘制，使动物不透明。

图5-13

STEP 14 使用矩形工具绘制白色矩形，配合使用钢笔工具调整路径，如图5-14所示。

图5-14

STEP 15 复制上一步创建的形状，如图5-15所示，为其添加"渐变叠加"图层样式，并为其添加褐色（C39、M59、Y88、K1）内发光效果。

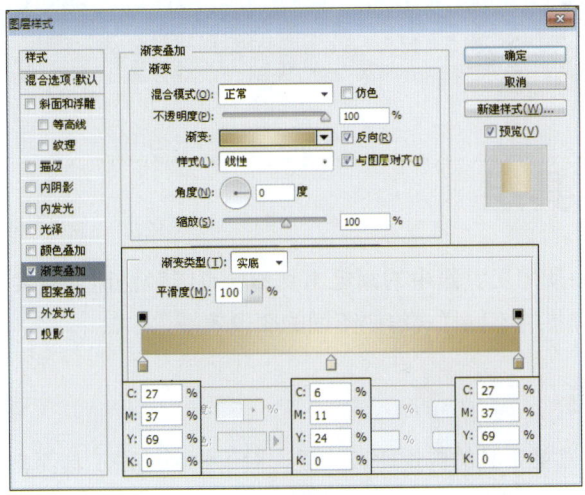

图5-15

STEP 16 使用横排文字工具添加文字，如图5-16所示。

图5-16

STEP 17 至此，完成本实训的制作，最终效果如图5-17所示。保存该作品并退出Photoshop即可。

图5-17

Ps【从零起步】

5.1 画笔工具组

在Photoshop中，使用工具箱中的画笔工具不仅可以轻松地创建柔和、坚硬及果断的线条，还可以根据系统提供的不同样式绘制不同的图像效果。

5.1.1 画笔工具

在Photoshop中，画笔工具的应用比较广泛，对于绘画编辑工具而言，选择画笔是非常重要的一部分。在"画笔"面板上所选择的画笔决定了绘制效果。

1. 设置画笔参数

选择画笔工具后，其工具选项栏如图5-18所示。

图5-18

其中，各选项的含义分别介绍如下。

- 工具预设选项：实现新建工具预设和载入工具预设等操作。
- 画笔预设选项：选择画笔笔尖，设置画笔大小和硬度。
- "模式"选项：设置画笔的绘画模式，即绘画时的颜色与当前颜色的混合模式。其中，部分选项决定填充的前景色或图案以何种方式叠加在已有的颜色上。
- "不透明度"选项：指在使用画笔绘图时所绘颜色的不透明度。该值越小，所绘出的颜色越浅，反之则越深。
- "绘图板压力控制不透明度"按钮 和"绘图板压力控制大小"按钮 ：只有连接绘图板之后这两个按钮才会起作用。
- "流量"选项：指使用画笔绘图时所绘颜色的深浅。若设置的流量较小，则其绘制效果如同降低透明度一样，但经过反复涂抹，颜色就会逐渐饱和，多重叠几次颜色就会更加饱和，就如同用水彩画笔在纸上作画一样。
- "启用喷枪模式"选项：单击该按钮即可启动喷枪功能，将渐变色调应用于图像，同时模拟传统的喷枪技术，系统会根据单击程度确定画笔线条的填充数量。

2. "画笔"面板

"画笔"面板主要用于选择预设画笔和自定义画笔，是画笔的控制中心，要设置复杂的笔刷样式，只有在"画笔"面板中才能完成。画笔的选择影响着图像的最终处理效果。执行"窗口"→"画笔"命令或按F5键，均可打开"画笔"面板。

- 单击面板左侧的"画笔笔尖形状"选项，在面板右侧的列表框中将会显示出相应的画笔形状，如图5-19所示。
- "形状动态"选项用于设置画笔的大小、角度和圆度变化，控制绘画过程中画笔形状的变化效果，如图5-20所示。
- "散布"选项用于控制画笔偏离绘画路径的程度和数量，如图5-21所示。

> **提示**
>
> 画笔笔尖形状列表中各选项的意义如下所述。
> - "大小"：用于定义画笔的直径大小，其取值范围为1~5000px。
> - "翻转X/翻转Y"：用于设置笔尖形状的翻转效果。
> - "角度"：用于设置画笔的角度，其取值范围为-180°~180°。
> - "圆度"：用于控制椭圆形画笔长轴和短轴的比例，其取值范围为0%~100%。
> - "硬度"：用于设置画笔笔触的柔和程度，其取值范围为0%~100%。
> - "间距"：用于设置在绘制线条时两个绘制点之间的距离。

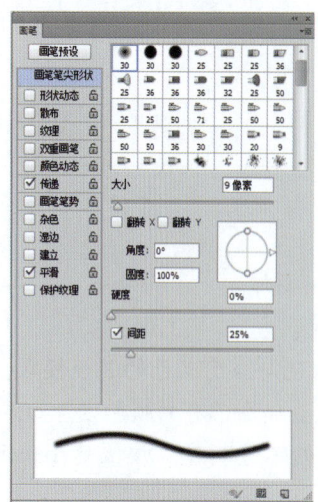 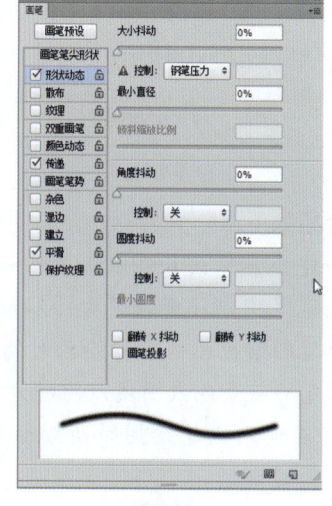 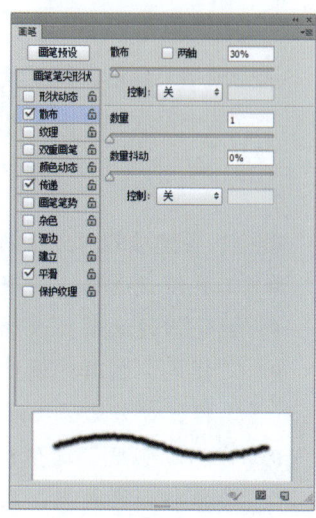

图5-19　　　　　　　　　图5-20　　　　　　　　　图5-21

- "纹理"选项用于在画笔上添加纹理效果，可控制纹理的叠加模式、缩放比例和深度，如图5-22所示。
- "双重画笔"选项即使用两种笔尖形状创建画笔。双重画笔的设置方法是：先在"模式"下拉列表框中选择原始画笔和第二种画笔的混合方式，然后在下面的笔尖形状列表框中选择一种笔尖作为第二种笔尖形状，最后设置第二种笔尖的直径、间距、散布和数量参数，如图5-23所示。
- "颜色动态"选项控制在绘制过程中画笔颜色的变化情况，包括前景/背景抖动、色相抖动、饱和度抖动、亮度抖动以及纯度，如图5-24所示。

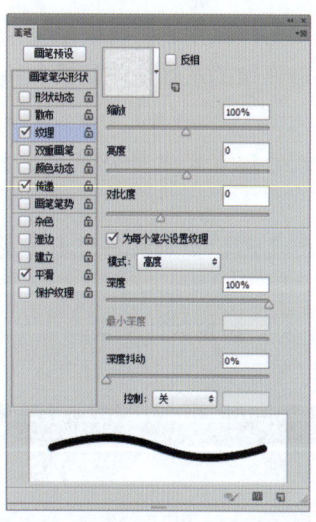 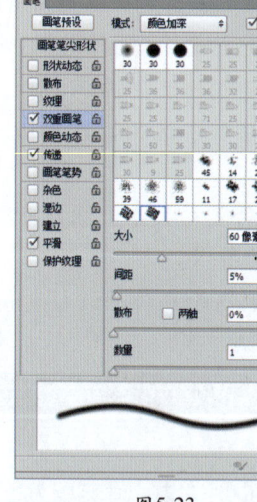 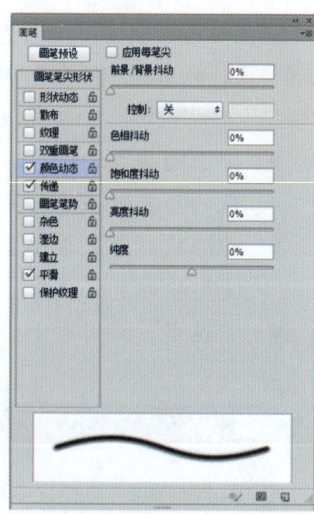

图5-22　　　　　　　　　图5-23　　　　　　　　　图5-24

 提　示

"画笔"面板中其他属性的说明："杂色"用于在画笔的边缘添加杂色效果；"湿边"用于模拟水彩画的效果；"平滑"用于使绘制的线条产生更顺畅的曲线；"保护纹理"用于对所有的画笔使用相同的纹理图案和缩放比例，即当使用多个画笔时，可模拟一致的画布纹理效果。

3. 创建和删除画笔

在图像的绘制过程中，可以创建自己所需要的特殊画笔，也可以将不用的画笔删除掉。

（1）创建画笔。使用选框工具选中需要定义为新画笔的图案，执行"编辑"→"定义画笔预设"命令，在弹出的对话框中为画笔命名。

（2）删除画笔。删除画笔的方法有多种，常见的方法有以下三种。

- 在"画笔"面板中选中要删除的画笔，单击"画笔"面板右上角的按钮，从弹出的快捷菜单中执行"删除画笔"命令。
- 直接将选中的画笔拖到面板底部的回收站中，即拖至按钮上。
- 在按住Alt键的同时，单击面板中所要删除的画笔工具。

> **提示**
>
> 单击"画笔"面板右上角的按钮，从弹出的快捷菜单中执行"存储画笔"命令，在打开的"存储"对话框中进行相关设置。然后，单击"确定"按钮，即可创建一个包括当前面板中所有画笔的新画笔库。

4. 载入画笔

Photoshop CS6虽然提供了丰富的预设画笔，但这些画笔还是不能满足用户的需要。因此，常常需要将外部的画笔文件载入到Photoshop中使用。其具体的操作方法是：单击"画笔"面板右上角的按钮，从弹出的快捷菜单中执行"载入画笔"命令，在打开的"载入"对话框中查找画笔文件所在目录并选择要使用的画笔即可。

5.1.2　铅笔工具

使用铅笔工具可以绘制出硬边缘的效果，特别是绘制斜线，锯齿效果会非常明显，并且所有定义的外形光滑的笔刷也会被锯齿化。根据该特性，铅笔工具更适合于绘制像素画。铅笔工具的使用方法与画笔工具相同，但两者的不同之处在于，铅笔工具不能使用"画笔"面板中的软笔刷，而只能使用硬轮廓笔刷。铅笔工具的工具选项栏如图5-25所示。

图5-25

其中，除了"自动抹除"选项外，其他选项均与画笔工具相同。在使用铅笔工具时，勾选"自动抹除"复选框后，若落笔处不是前景色，则将使用前景色绘图；若落笔处是前景色，则将使用背景色绘图。

5.1.3　颜色替换工具

颜色替换工具位于画笔工具组中，使用颜色替换工具能够很容易地用前景色置换图像中的色彩，并保留图像原有材质的纹理与明暗。因此可以说，它是一个修图工具，而不是一个绘图工具。颜色替换工具的工具选项栏如图5-26所示。

图5-26

其中,各选项的含义如下所述。

- "模式"选项:用于设置替换颜色与图像的混合方式,有"色相""饱和度""亮度"和"颜色"四种方式供选择。
- "取样方式"选项:用于设置所要替换颜色的取样方式,包括"连续""一次"和"背景色板"三种方式。

> **提示**
>
> 取样方式三种选项的含义如下。
> - 连续 ：连续从笔刷中心所在区域取样,随着取样点的移动而不断地取样。这样可以替换笔刷中心所在位置的相邻颜色区域。
> - 一次 ：以第一次单击鼠标左键时笔刷中心点的颜色为取样颜色,取样颜色不随鼠标指针的移动而改变。
> - 背景色板 ：将背景色设置为取样颜色,只替换与背景颜色相同或相近的颜色区域。

- "限制"选项:用于指定替换颜色的方式,包括"不连续""连续"和"查找边缘"三种。
- "容差"选项:用于控制替换颜色区域的大小。数值越小,替换的颜色就越接近色样颜色,所替换的范围也就越小,反之替换的范围越大。
- "消除锯齿"复选框:勾选此复选框,在替换颜色时,将得到较平滑的图像边缘。

> **提示**
>
> 在限制方式中,"不连续"表示替换在容差范围内所有与取样颜色相似的像素;"连续"表示替换与取样点相接或邻近的颜色相似区域;"查找边缘"表示替换与取样点相连的颜色相似区域,能较好地保留替换位置颜色反差较大的边缘轮廓。

5.1.4 混合器画笔工具

混合器画笔是Photoshop新增的功能,使用该工具能够轻易地画出漂亮的画面。混合器画笔的工具选项栏如图5-27所示。

图5-27

其中,各选项的含义如下所述。

- "当前画笔载入"按钮:可重新载入或者清除画笔,也可在这里设置一种颜色,让它和涂抹的颜色运行混合,具体的混合结果可通过后面的设置值运行调整。

- "每次描边后载入画笔"按钮 和"每次描边后清理画笔"按钮 ：控制每一笔涂抹结束后对画笔是否更新和清理。
- "有用的混合画笔组合"选项：预先设置好的混合画笔，当选择某一种混合画笔时，右边的四个选择设置值会自动调节为预设值。
- "潮湿"选项：设置从画布拾取的油彩量。
- "载入"选项：设置画笔上的油彩量。
- "混合"选项：设置颜色混合的比例。
- "流量"选项：设置描边的流动速率。

5.2 形状工具组

工具箱中包含一组形状工具，分别是矩形工具、圆角矩形工具、椭圆工具、多边形工具、直线工具以及自定形状工具，本节将对这些工具的相关知识进行介绍。

5.2.1 矩形工具和圆角矩形工具

选择矩形工具，在画布中单击并拖动鼠标，可以创建矩形，其工具选项栏如图5-28所示。

图5-28

矩形的绘制分为两种情况，一种是普通矩形，另一种是填充矩形。在绘制矩形的过程中，若按住Shift键，则可以得到正方形。绘制矩形和绘制填充矩形的唯一区别是：是否使用前景色填充矩形。其中，矩形边框的宽度是由线型工具按钮来设置的，它的颜色采用的是当前的前景色。

单击工具选项栏上的设置按钮，将打开选项面板，从中可以设置矩形的创建方法，如图5-29所示。

其中，面板中各选项的含义介绍如下。

- 不受约束：绘制任意大小的矩形。
- 方形：绘制任意大小的正方形。
- 固定大小：选中该单选按钮，可以在其右侧的W和H文本框中输入宽度和高度的值，绘制出固定大小的矩形。

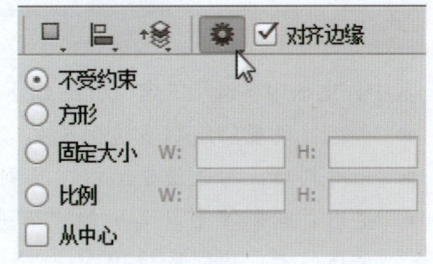

图5-29

- 比例：选中该单选按钮，可以在其右侧的W和H文本框中输入所绘制矩形的宽度和高度比例，这样就可以绘制出任意大小但宽度和高度保持一定比例的矩形。
- 从中心：勾选该复选框，鼠标在画布中的单击点即为所绘制矩形的中心点，绘制矩形时由中心向外扩展。

圆角矩形绘制与矩形的绘制是一样，它的选项设置与矩形工具选项设置基本相同，只是多了"半径"选项，该选项用来设置圆角矩形的圆角半径，值越大，圆角越广。

5.2.2 椭圆工具

椭圆的绘制与矩形的绘制相似，若在绘制过程中，每绘制一次就改变一次前景色，这样将会创建不同填充色的椭圆或圆形。椭圆的绘制也分为普通椭圆和填充椭圆。

在使用椭圆工具绘制图形时，应掌握以下绘制技巧。

- 在绘制椭圆时，若按住Shift键，可以创建正圆形。
- 若按住Alt键，将以单击点为中心向四周绘制椭圆。
- 若按住Shift+Alt组合键，则以单击点为中心向四周绘制正圆形。

5.2.3 多边形工具

多边形工具的工具选项栏如图5-30所示。

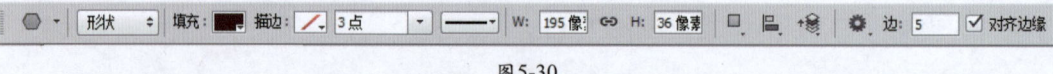

图5-30

该工具栏中的"边"选项用于设置所绘多边形边的数目，其取值范围在3～100之间。单击工具选项栏上的设置按钮，将打开相应的设置面板，如图5-31所示。

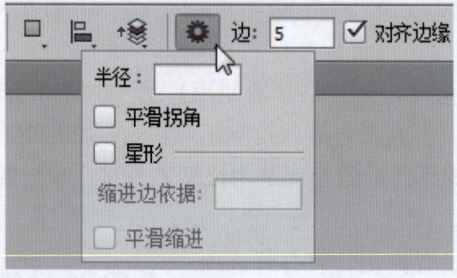

图5-31

其中，面板中各选项的含义介绍如下。

- 半径：设置所绘制多边形或星形的半径，即图形中心到顶点的距离。
- 平滑拐角：勾选该复选框，绘制的多边形或星形具有平滑的拐角。
- 星形：绘制星形，其中的"缩进边依据"选项用于设置星形边缩进的百分比，该值越大，边缩进越明显。
- 平滑缩进：勾选该复选框，可以使绘制的星形的边平滑地向中心缩进。

5.2.4 直线工具

直线工具的工具选项栏如图5-32所示。

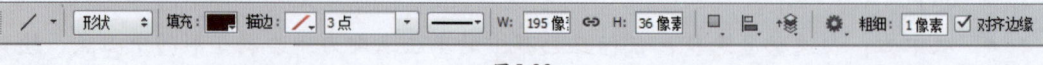

图5-32

该工具栏中的"粗细"选项用于设置所绘直线的宽度,其取值范围在1～1000像素之间。单击工具选项栏上的设置按钮,将打开"箭头"面板,如图5-33所示。

图5-33

其中,面板中各选项的含义介绍如下。
- 起点/终点:在所绘制直线的起点或终点添加箭头。
- 宽度/长度:设置箭头宽度或长度与直线宽度的百分比,宽度范围是10%～1000%,长度范围是10%～5000%。
- 凹度:设置箭头的凹陷程度,范围是−50%～50%。

5.2.5 自定形状工具

自定形状工具可以绘制多种特殊的图案。在自定形状工具的工具选项栏中,单击设置按钮,打开如图5-34所示的面板。

可以从中选择相应的图案,还可以单击面板右上角的按钮,在弹出的快捷菜单中按需进行自定义图形的"载入形状"或"替换形状"等操作。

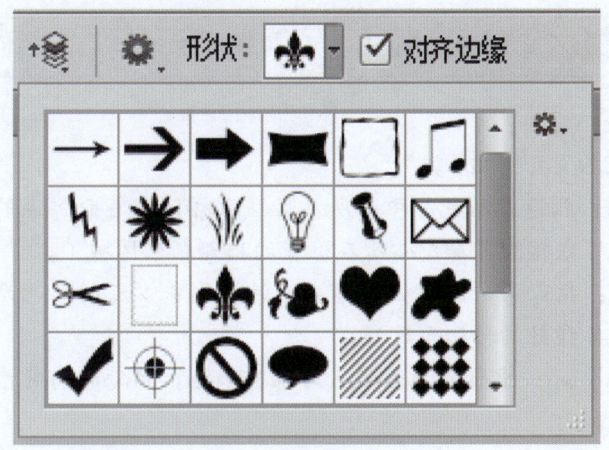

图5-34

> **提示**
> 除了可以使用系统提供的形状外,还可以将自己绘制的路径图形创建为自定义形状,具体方法为:选中绘制的路径图形,执行"编辑"→"定义自定形状"命令即可。

5.3 橡皮擦工具组

在Photoshop中，橡皮擦工具组包括橡皮擦工具、背景橡皮擦工具和魔术橡皮擦工具，下面逐一进行介绍。

5.3.1 橡皮擦工具

橡皮擦工具主要用于擦除当前图像中的颜色，其工具选项栏如图5-35所示。其中，各选项的含义介绍如下。

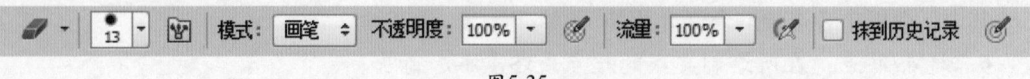

图5-35

- 模式：该工具可以使用画笔工具和铅笔工具的参数，包括笔刷样式、大小等。若选择"块"模式，橡皮擦工具将使用方块笔刷。
- 不透明度：若不想完全擦除图像，则可以降低不透明度。
- 抹到历史记录：在擦除图像时，可以使图像恢复到任意一个历史状态。该方法常用于恢复图像的局部到前一个状态。

5.3.2 背景橡皮擦工具

背景橡皮擦工具主要用于擦除指定颜色，其工具选项栏如图5-36所示。

图5-36

其中，各选项的含义介绍如下。

- "连续"：指连续从笔刷中心所在区域取样，随着取样点的移动而不断地取样，这样就可以擦除笔刷中心所在位置的相邻颜色区域了。
- "一次"：指以第一次单击鼠标左键时笔刷中心点的颜色为取样颜色，取样颜色不随鼠标指针的移动而改变。
- "背景色板"：指将背景色设置为取样颜色，只擦除与背景颜色相同或相近的颜色区域。
- "限制"选项的设置："连续"是指擦除与取样点相接或邻近的颜色；"不连续"是指擦除容差范围内所有与取样颜色相似的像素；"查找边缘"是指擦除与取样点相连的颜色，能较好地保留替换位置颜色反差较大的边缘轮廓。
- "容差"的设置：用于控制擦除颜色区域的大小。数值越小，所擦除的颜色就越接近色样颜色，所擦除的颜色范围也就越小。
- 保护前景色的设置：勾选该复选框，可以防止擦除与前景色颜色相同的区域，从而起到保护部分图像区域的作用。

5.3.3 魔术橡皮擦工具

魔术橡皮擦工具是魔术棒工具和背景橡皮擦工具的组合，是一种根据像素颜色来擦除图像的工具。使用魔术橡皮擦工具可以一次性擦除图像或选区中颜色相同或相近的区域，从而得到透明区域。若当前图层是背景图层，则背景图层将被转换为普通图层。

魔术橡皮擦工具选项栏上各选项的含义介绍如下。
- "消除锯齿"选项：勾选此复选框，将得到较平滑的图像边缘。
- "对所有图层取样"选项：勾选此复选框，将利用所有可见图层中的组合数据来采集色样，否则只对当前图层的颜色信息进行取样。

5.4 减淡工具组

减淡、加深、海绵等工具用于润饰图像，利用这些工具可以改善图像的色调、色彩的饱和度，使调整后的图像更加出色。

5.4.1 减淡工具

减淡工具也称为加亮工具，使用它可以加亮图像的某一部分，从而达到突出表现的目的。减淡工具的工具选项栏如图5-37所示。

图5-37

其中，部分选项的含义介绍如下。
- "范围"选项：用于选择修改图像的色调范围。
- "曝光度"选项：用于控制图像减淡的程度，该值越大，减淡的效果越明显。

> **提示**
>
> "范围"选项中各项的功能为："阴影"表示修改图像的暗色部分，如阴影区域等；"中间调"表示修改图像的中间色调区域，即介于阴影和高光之间的色调区域；"高光"表示修改图像的高亮区域。

5.4.2 加深工具

加深工具和减淡工具的使用方法完全相同，其工具选项栏也很相似，如图5-38所示。

图5-38

减淡工具和加深工具都是用于调整图像的色调，分别通过增加和减少图像的曝光度来变亮或变暗图像，其功能与"亮度/对比度"命令相类似。利用加深工具调整水墨画色调深浅前后的对比效果如图5-39和图5-40所示。

图5-39　　　　　　　　　　　　　图5-40

> **提示**
>
> 加深工具选项栏各选项的含义介绍如下。
> - "范围"选项：用于对图像进行加深操作时的范围选取，包括阴影、中间调和高光。选择"阴影"时，加亮的范围只局限于图像的暗部；选择"中间调"时，加亮的范围只局限于图像的灰色调；选择"高光"时，加亮的范围只局限于图像的亮部。
> - "曝光度"选项：用来控制图像的曝光强度。百分比越大，曝光强度越明显。
> - "保护色调"复选框：对图像进行加深操作时，可对图像中存在的颜色进行保护。

5.4.3　海绵工具

海绵工具用于改变图像局部的色彩饱和度，因此对于黑白图像的处理效果很不明显。海绵工具的工具选项栏如图5-41所示。

图5-41

"模式"选项用于选择改变饱和度的方式，其中包括降低饱和度与饱和两种。在改变饱和度的过程中，流量越大，效果越明显。应用海绵工具处理图像前后的对比效果如图5-42和图5-43所示。

图5-42　　　　　　　　　　　　　图5-43

> **提示**
>
> 海绵工具不会造成像素的重新分布，因此降低饱和度与饱和两种方式可以互补使用。过度降低色彩饱和度后，可以切换到饱和方式增加色彩饱和度，但是无法为已经完全成为灰度的像素添加色彩。

5.5 模糊工具组

在图像的修复过程中，模糊工具、涂抹工具以及锐化工具的使用也是颇为频繁。为了更好地掌握它们的使用方法和技巧，下面将对其进行详细介绍。

5.5.1 模糊工具

模糊工具的工具选项栏如图5-44所示，各选项的含义介绍如下。

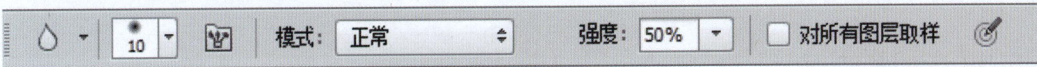

图5-44

- "模式"选项：用于设置像素的合成模式。
- "强度"选项：用于控制模糊的程度。
- "对所有图层取样"选项：勾选该复选框，则将模糊应用于所有可见图层，否则只应用与当前图层。

模糊工具不仅可以绘制模糊不清的效果，还可以用于修复图像中的杂点或折痕，它是通过降低图像相邻像素之间的反差，使得僵硬的图像边界变得柔和，颜色过渡变得平缓，从而起到模糊图像局部的效果。添加模糊效果前后的对比如图5-45和图5-46所示。

图5-45　　　　　　　　　　　　　　图5-46

5.5.2 锐化工具

锐化工具的工具选项栏如图5-47所示。其中"强度"用于控制锐化的程度，而其他选项的含义与模糊工具相同。

图5-47

锐化工具与模糊工具的使用效果正好相反,是通过增强图像相邻像素之间的反差,使图像的边界变得明显。为树叶添加锐化效果前后的对比如图5-48和图5-49所示。

图5-48 　　　　　　　　　　　　　　图5-49

5.5.3 涂抹工具

涂抹工具可用于模拟在未干的绘画纸上拖动手指的动作,也可用于修复有缺憾的图像边缘。若图像中颜色与颜色之间的边界过度强硬,则可以使用涂抹工具进行涂抹,以使边界柔和过渡。涂抹工具常与路径结合使用,沿路径描边,制作出手绘效果,如图5-50和图5-51所示。

图5-50　　　　　　　　　　　　　　图5-51

> **提示**
>
> 在涂抹工具的选项栏(如图5-52所示)中,若勾选"手指绘画"复选框,则在拖动鼠标时,涂抹工具使用前景色与图像中的颜色相融合,否则将使用鼠标起始位置处的图像颜色进行涂抹。

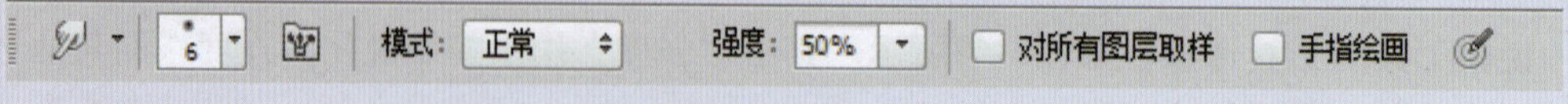

图5-52

5.6 图章工具组

在Photoshop中,图章工具组中包含仿制图章工具和图案图章工具,下面将对其使用方法进行具体介绍。

5.6.1 仿制图章工具

仿制图章工具的功能就像复印机,能够按照指定的像素点为复制基准点,将该基点周围的图像复制到图像中的任意位置。仿制图章工具的工具选项栏如图5-53所示。

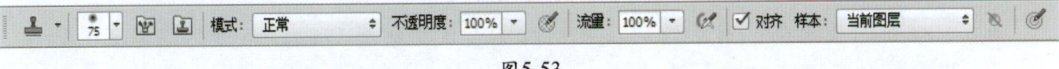

图5-53

其中,部分选项的含义介绍如下。

- "对齐"复选框:用于控制在复制时是否使用对齐功能。
- "样本"选项:用于选择复制样本的图层,包括"当前图层""当前和下方图层"和"所有图层"三个选项。

提示

若取消勾选"对齐"复选框,在复制过程中松开鼠标后再次继续进行复制操作时,将会以新的单击点为对齐点,重新复制基准点周围的图像。若勾选"对齐"复选框,则在定位复制基准点后,系统将一直以首次单击点为对齐点,即使分多次复制全部图像,最终也能够得到完整的图像。

仿制图章工具的使用方法是:首先打开需要复制的图像,从中选择仿制图章工具并设置选项参数,然后按住Alt键的同时单击要复制的区域定义参考点,选取参考点后,在图像中拖动鼠标即可复制图像,如图5-54和图5-55所示。需要说明的是,使用仿制图章工具,还可以在不同图像之间进行复制。

图5-54

图5-55

提示

仿制图章工具一般用于图像的合成效果处理,可以准确地复制图像的一部分或全部,但在使用该工具时注意要先定义参考点。

5.6.2 图案图章工具

图案图章工具用于复制图案，并对图案进行排列。需要注意的是，该图案要在复制操作之前定义好。该工具的选项栏如图5-56所示。

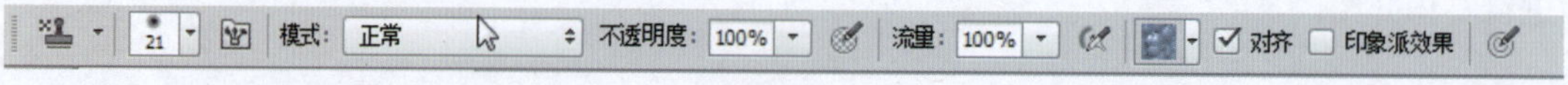

图5-56

其中，部分选项的含义介绍如下。

- "图案"选项：在该下拉列表中可以选择进行复制的图案。其中，图案可以为系统预设的图案，也可以是自己定义的图案。
- "对齐"复选框：用于控制在复制时是否使用对齐功能，与仿制图章工具选项栏中的对齐选项功能相近。
- "印象派效果"复选框：勾选该复选框，可以对图案应用印象派艺术效果，图案的笔触会变得扭曲、模糊。

图案图章工具的使用方法比较简单。首先使用矩形选框工具选取要作为自定义图案的图像区域，如图5-57所示。然后执行"编辑"→"定义图案"命令，打开"图案名称"对话框，为选区命名并保存，最后选择图案图章工具，在其工具选项栏中选择所定义的图案，在图像中涂抹即可，如图5-58所示。

图5-57

图5-58

> **提示**
>
> 在定义图案操作的过程中需要注意两点：一是应使用矩形选框工具创建选区，二是矩形选框工具的羽化值必须为0。

5.7 历史记录工具组

Photoshop包括两种历史记录画笔工具，即历史记录画笔工具和历史记录艺术画笔工具。这两种工具均可根据"历史记录"面板中拍摄的快照或历史记录的内容涂绘出以前暂时保存的图像。

5.7.1 历史记录画笔工具

历史记录画笔工具的主要功能是恢复图像,其工具选项栏如图5-59所示,与画笔工具选项栏相似,可用于设置画笔的样式、模式及不透明度等。

图5-59

历史记录画笔工具的使用方法为:选择历史记录画笔工具,在工具选项栏设置参数,按住鼠标左键在需要恢复的区域上进行涂抹,涂抹过的位置即可恢复原先的彩色效果,原图以及涂抹前后的效果分别如图5-60、图5-61和图5-62所示。

图5-60 　　　　　　　　　图5-61 　　　　　　　　　图5-62

5.7.2 历史记录艺术画笔工具

历史记录艺术画笔工具的选项栏如图5-63所示,其功能和操作方法都与历史记录画笔工具相似。

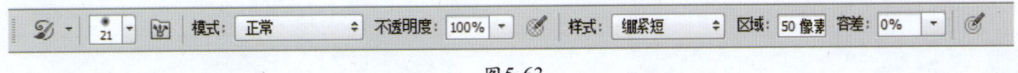

图5-63

其中,部分选项的含义介绍如下。

- "样式"选项:用于设置控制绘画描边的形状,如绷紧短、绷紧中、绷紧长、绷紧中等、松散长、轻涂、绷紧卷曲、绷紧卷曲长、松散卷曲及松散卷曲长等。
- "区域"选项:用于调整历史记录艺术画笔所影响的范围,数值越大,影响的范围就越大。

历史记录画笔工具可以将局部图像恢复到指定的某一步操作时的状态,而历史记录艺术画笔工具可以将局部图像按照指定的历史状态转换成手绘效果。应用该工具处理图像前后的效果分别如图5-64和图5-65所示。

图5-64 　　　　　　　　　　　　　图5-65

【拓展实训】

拓展实训1：手绘荷塘美景

设计要领

（1）使用钢笔工具绘制相应路径。

（2）使用减淡工具和加深工具绘制荷叶。

（3）使用画笔工具绘制波纹效果。

最终效果如图5-66所示。本实训文件在"资料\素材文件\第5章"目录下。

图5-66

拓展实训2：为人物美容

设计要领

（1）使用"高斯模糊"命令处理图像。
（2）设置图层样式处理图像。
（3）使用橡皮擦工具擦除部分区域。
（4）利用滤镜功能美化图像。

最终效果如图5-67所示。本实训文件在"资料\素材文件\第5章"目录下。

图5-67

第6章 06 时尚插画设计

内容概要：

在Photoshop中，对图像色彩和色调的控制是编辑图像的关键，直接关系到图像最后的效果。只有有效地控制图像的色彩和色调，才能制作出高品质的图像。Photoshop CS6提供了更完善的色彩和色调的调整功能，本章将对这部分内容进行详细介绍。

课时安排：

理论教学2课时
上机实训4课时

知识要点：

- 查看图像色彩分布
- 调整图像的色彩
- 调整图像的色调

课程思政：

贯彻以人民为中心的发展思想，完善分配制度，健全社会保障体系，强化基本公共服务，兜底民生底线，解决好人民群众急难愁盼问题，让现代化建设成果更多更公平惠及全体人民，在推进全体人民共同富裕上不断取得更为明显的实质性进展。

实训效果图：

Ps 【实训精讲】

时尚沙发的插画设计

实训描述

本实训设计的是一幅商业性质的插画，设计时重点突出时尚、个性，且充满时代感，产品特征鲜明，能够很好地夺人眼球。

实训文件

本实训素材文件和最终文件在"资料\素材文件\第6章"目录下，本实训的操作视频在"资料\操作视频\第6章"目录下。

实训详解

在整个作品的设计过程中，首先创建出背景，并将沙发图像放入到画面中；然后逐步添加素材，完善整个画面效果。下面将对本实训的制作过程进行详细讲解。

STEP 01 执行"文件"→"新建"命令，创建一个A4大小的新文件，设置前景色为黄色（C11、M17、Y46、K0），拖动鼠标创建背景渐变，如图6-1所示。

STEP 02 打开素材文件"墨滴.jpg"，选择魔术橡皮擦工具，设置容差为10像素，将白色背景擦除，拖动素材文件到正在编辑的文档中，调整其大小和位置，如图6-2所示。

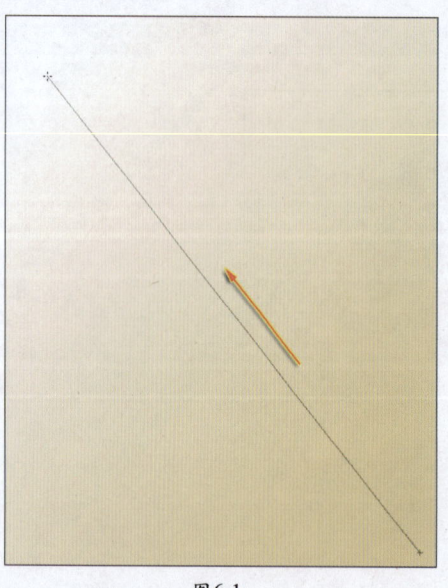

图6-1

图6-2

STEP 03 按住Ctrl键将图像载入选区，单击"图层"面板底部的"创建新的填充或调整图层"按钮，添加"色相/饱和度"，如图6-3所示。

STEP 04 将素材与"色相/饱和度"两个图层合并为一个图层，继续为素材图像添加第二个"色相/饱和度"，设置图层不透明度为50%，如图6-4所示。

图6-3

图6-4

STEP 05 打开素材文件"沙发.jpg"，使用快速选择工具选中沙发图像，拖动素材文件到正在编辑的文档中，调整其位置，如图6-5所示。

STEP 06 新建"路径1"，使用钢笔工具绘制小蘑菇路径，如图6-6所示。

图6-5　　　　　　　　　　　　　图6-6

STEP 07 创建新图层，将路径载入选区，填充颜色，然后选择画笔工具，控制画笔的不透明度绘制细节，如图6-7所示。

STEP 08 创建新图层，设置前景色为褐色（C43、M51、Y62、K0），使用画笔工具绘制其阴

103

影，如图6-8所示。

图6-7　　　　　　　　　　　　　　图6-8

STEP 09 打开素材文件"蓝色花.jpg"，使用快速选择工具将花选中并拖入到正在编辑的文档中，如图6-9所示。

STEP 10 单击"添加图层蒙版"按钮 ，使用画笔工具绘制图像边缘，使图像显示出渐隐效果，如图6-10所示。

图6-9　　　　　　　　　　　　　　图6-10

STEP 11 创建"图层 4副本"，拖动图层副本到沙发图层下方显示，删除图层蒙版，如图6-11所示。

STEP 12 将"图层 4副本"载入选区，为该图层添加"色相/饱和度"，如图6-12所示。

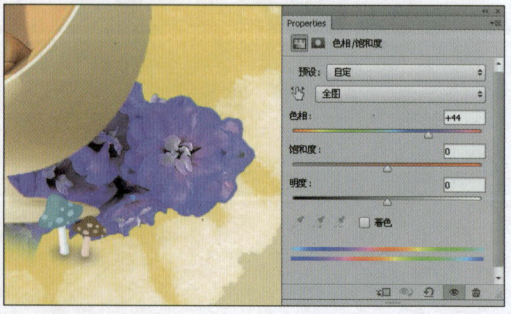

图6-11　　　　　　　　　　　　　　图6-12

STEP 13 将副本图层和"色相/饱和度"进行合并，设置其图层混合模式和不透明度，单击"添加图层蒙版"按钮，使用画笔工具绘制如图6-13所示的效果。

STEP 14 打开素材文件"相机.jpg"，使用快速选择工具选中相机图像，拖动素材文件到正在编辑的文档中,调整其位置,如图6-14所示。

图6-13

图6-14

STEP 15 将"相机"图层载入选区,为其添加"曲线"调整图层,如图6-15所示。

STEP 16 继续创建"图层 4副本"图像,将其图层蒙版删除,调整其大小和位置以及相机的不透明度,单击"链接图层"按钮,将图层进行链接,如图6-16所示。

图6-15

图6-16

STEP 17 打开素材文件"音符.jpg",使用魔术橡皮擦工具擦除白色背景,拖动素材文件到视图中,调整其位置,设置其图层混合模式和不透明度,如图6-17所示。

图6-17

STEP 18 新建图层组"组 1",打开素材文件"玫瑰.jpg",使用快速选择工具选择花朵并拖入正在编辑的文档中,调整其大小和位置,如图6-18所示。

STEP 19 将玫瑰图层载入选区,为该图层添加"色相/饱和度"和"曲线",如图6-19所示。

图6-18　　　　　　　　　　　图6-19

STEP 20 将组中的图层全部选中后链接图层，然后复制，移动图像到合适的位置，如图6-20所示。

STEP 21 打开素材文件"小鸟.jpg"，使用快速选择工具选择小鸟并拖入到正在编辑的文档中，调整其大小和位置，如图6-21所示。

图6-20　　　　　　　　　　　图6-21

STEP 22 为小鸟图像添加"曲线"和"色相/饱和度"，调整小鸟颜色与背景相衬，如图6-22所示。

图6-22

STEP 23 新建图层组"组 2"，暂时将其他的素材图层隐藏，选择自定义形状工具，选择花的形状，绘制形状并调整其图层混合模式以及不透明度，如图6-23所示。

STEP 24 选择画笔工具，设置画笔颜色、大小和不透明度，绘制如图6-24所示的图像。

图6-23

图6-24

STEP 25 拖动该图层创建图层副本图像，调整其大小和位置，如图6-25所示。

STEP 26 单击"自定义形状工具"中的"泼溅"绘制形状，调整形状大小和位置，如图6-26所示。

图6-25

图6-26

STEP 27 新建图层组"组 1"，打开素材文件"渲染.jpg"，将素材拖入到正在编辑的文档中，调整其大小和位置，如图6-27所示。

STEP 28 使用橡皮擦工具擦除多余的图像，调整图层不透明度，如图6-28所示。

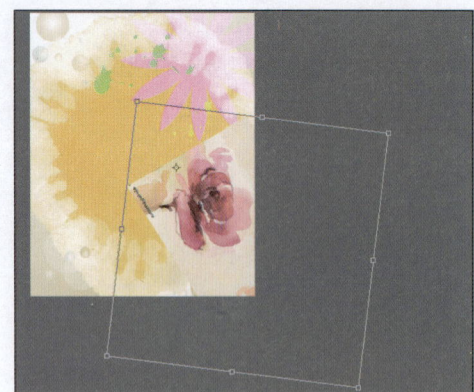

图6-27　　　　　　　　　　　　　　　图6-28

STEP 29 按住Alt键单击拖动图像创建副本图像，调整副本图像位置，如图6-29所示。

图6-29

STEP 30 使用矩形选框工具 框选素材图片上的小花朵图像，配合橡皮擦工具擦除多余图像，然后复制并调整图像大小和位置，使其分布在视图周围，如图6-30所示。

STEP 31 关闭图层组"组2"，拖动图层组到"图层5"上方显示，将隐藏图层全部显示，如图6-31所示。

图6-30　　　　　　　　　　　　　　　图6-31

STEP 32 打开素材文件"笔触.jpg"，使用魔术橡皮擦工具擦除白色背景，将图像载入选区，添加"色相/饱和度",更改图像颜色,如图6-32所示。

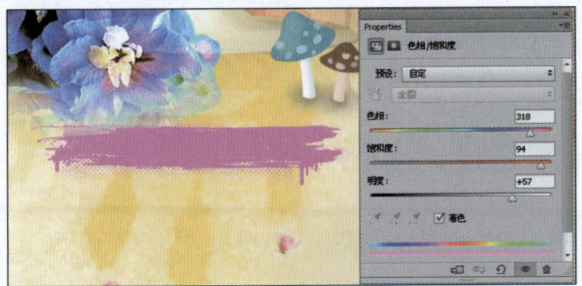

图6-32

STEP 33 使用横排文字工具添加文字,并设置字体格式,如图6-33所示。

图6-33

STEP 34 至此,完成本实例的制作,最终效果如图6-34所示。

图6-34

【从零起步】

6.1 查看图像色彩分布

在Photoshop CS6中，图像色彩分布状态可以使用"信息"面板、"直方图"面板和颜色取样器工具进行查看。

6.1.1 "信息"面板

执行"窗口"→"信息"命令，即可打开"信息"面板。使用该面板不仅可以查看鼠标光标所指位置的色彩信息及鼠标光标的坐标信息，还可以查看当前所使用工具的用途。图6-35所示为选择魔棒工具时对应的信息面板。

选择不同的工具，在该面板还可获取大小、距离和旋转角度等信息。单击右上角的三角形按钮，在弹出的快捷菜单中执行"面板选项"命令，将打开如图6-36所示的"信息面板选项"对话框。

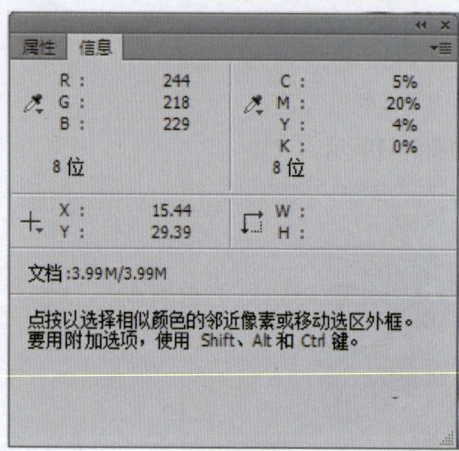
图6-35

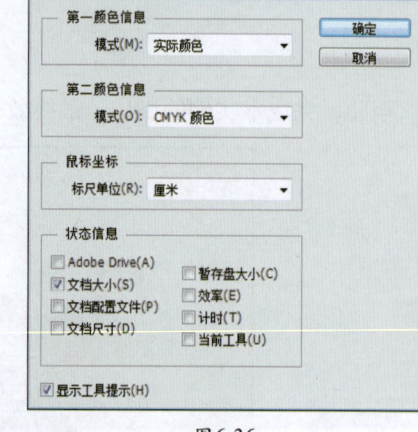
图6-36

"信息面板选项"对话框中各选项区的含义介绍如下。

- 第一颜色信息：模式默认的选项是实际颜色。也就是说，如果打开的图像呈RGB模式，在第一组数据中就显示RGB的数值；如果图像呈CMYK模式，在第一组数据中就显示CMYK的数值。可以通过模式后面的下拉列表改变默认模式。
- 第二颜色信息：模式默认的选项是CMYK，可以通过模式后面的下拉列表改变默认模式。
- 鼠标坐标：在下拉列表框中有多种标尺单位，其中厘米是最常用的。
- 状态信息：用于显示文档大小、文档配置文件、计时等信息。
- 显示工具提示：勾选该复选框，将在"信息"面板中显示工具的用法提示。

6.1.2 "直方图"面板

"直方图"面板用于显示当前图像的颜色信息，使用该面板可对图像的颜色进行详细分析，判断出图像的阴影、中间调和高光中包含的细节是否充足，以便进行适当的调整。

在Photoshop CS6中，执行"窗口"→"直方图"命令，即可打开"直方图"面板。通过单击其右上角的按钮，在弹出的面板菜单中可选择不同的视图方式。

（1）紧凑视图。默认的显示方式，显示的是不带统计数据或控件的直方图，如图6-37所示。

（2）扩展视图。显示带有统计数据和控件的直方图，如图6-38所示。

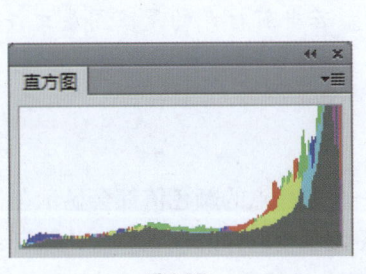
图6-37

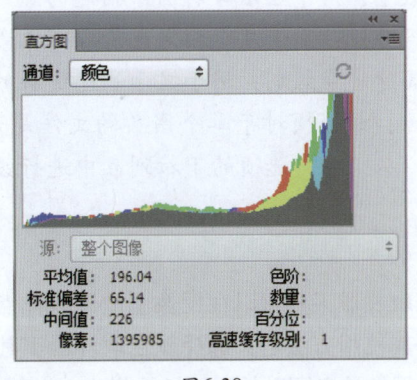
图6-38

（3）全部通道视图。显示带有统计数据和控件的直方图，同时还显示每一个通道的直方图，如图6-39所示。

（4）用原色显示通道。用彩色方式查看通道直方图，如图6-40所示。

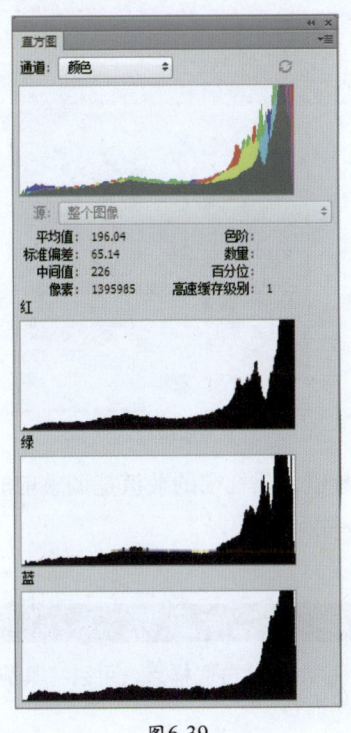
图6-39

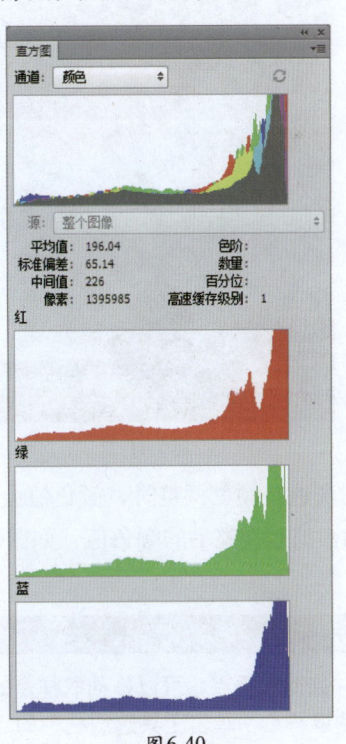
图6-40

直方图的横轴代表亮度，该值的范围为0（黑色）～255（白色），纵轴则代表给定的像素总数。直观地看上去，直方图像一座座山峰，其中，峰顶表示此色阶处拥有较多的像素。直方图中各选项的含义介绍如下。

- 平均值：用于表示图像的亮度平均值。
- 标准偏差：用于表示当前图像中颜色数值变化的范围。
- 中间值：用于显示颜色值范围内的中间值。
- 像素：用于计算直方图的像素总数。
- 色阶：用于显示当前图像或者某一指定点的灰色色阶，其范围在0～255之间。
- 数量：用于显示当前图像指定的点或者选定区域中所包含的像素数目。
- 百分位：用于显示指定色阶以下像素的百分数。
- 高速缓存级别：用于显示高速缓存的设置。
- 源：该选项对于单个图层的文件是无效的。若当前打开的是多图层文件，则可以从"源"选项的下拉列表中进行设置。

6.1.3 颜色取样器工具

颜色取样器工具可以在图像上放置取样点，每一个取样点的颜色值都会显示在"信息"面板中，其使用方法是：选择颜色取样器工具，在图像需要取样的位置单击，即可建立取样点，一个图像最多可以放置四处取样点，如图6-41和图6-42所示。

图6-41

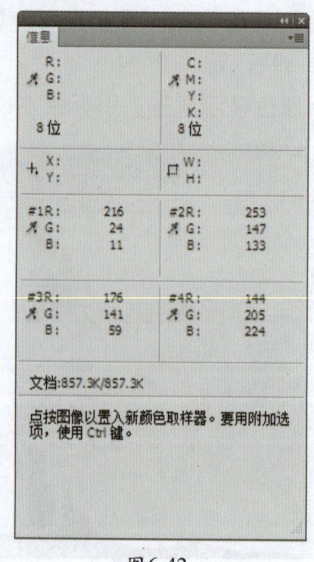
图6-42

若在图像进行颜色调整时，颜色值会变为两组数值，斜杠前的数值是调整前的颜色值，斜杠后面的数值是调整后的颜色值，如图6-43和图6-44所示。

> **提示**
>
> 单击并拖动取样点，可以移动取样点的位置。按住Alt键单击取样点，可以将其删除。若要删除所有的取样点，单击工具选项栏中的"清除"按钮即可。

图6-43   图6-44

6.2 调整图像色彩

在Photoshop CS6中，可以通过执行"色彩平衡""色相/饱和度"或"匹配颜色"等菜单命令对图像的色彩进行准确调整，也可以通过"调整"面板对图像进行快速设置。"调整"面板的使用既简单又直观，只需单击其相应的图标按钮，在打开的面板中设置各选项，即可将该效果应用。下面将对其相关内容进行详细介绍。

6.2.1 色彩平衡

"色彩平衡"命令用于控制图像的颜色分布，使图像的整体色彩平衡。执行"图像"→"调整"→"色彩平衡"命令或按Ctrl+B组合键，均可打开如图6-45所示的"色彩平衡"对话框。

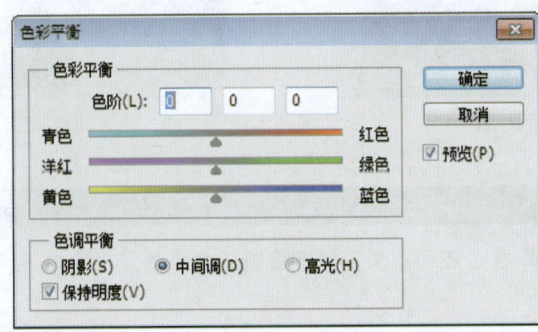

图6-45

其中，各主要选项区的含义介绍如下。

- "色彩平衡"选项区：用于调整颜色的均衡，拖动滑块或直接输入数值均可。"色阶"文本框中显示的是三个滑块的滑块值。
- "色调平衡"选项区：用于选择需要着重进行调整的色彩范围。

6.2.2 色相/饱和度

"色相/饱和度"命令不仅可以用于调整图像像素的色相/饱和度,还可以用于灰度图像的色彩渲染,为灰度图像添加颜色。执行"图像"→"调整"→"色相/饱和度"命令或按Ctrl+U组合键,均可打开如图6-46所示的"色相/饱和度"对话框。

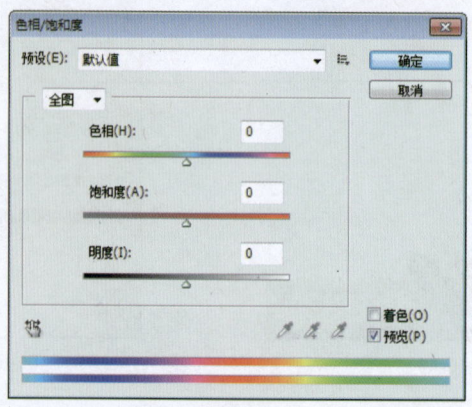

图6-46

若勾选"着色"复选框,图像将变成单色色相,可以通过调整"色相"值来改变图像的颜色。利用该功能处理图像前后效果分别如图6-47和图6-48所示。

图6-47　　　　　　　　　　　　　　图6-48

> **提 示**
>
> 使用"色相/饱和度"命令还可以为整幅图像或图像中的某个区域进行颜色转换操作。

6.2.3 替换颜色

"替换颜色"命令用于替换图像中某个特定范围的颜色。执行"图像"→"调整"→"替换颜色"命令,可打开如图6-49所示的"替换颜色"对话框。

其中,各选项的含义分别介绍如下。

- 本地化颜色簇：若在图像中选择多个颜色，可选择此选项创建更加精确的蒙版。
- 吸管工具：可以选择有蒙版显示的区域，还可以添加颜色和减少颜色。
- 颜色容差：可调整蒙版的容差，控制颜色的选择精度，数值越高，包括的颜色范围就越广。
- 选区/图像：在预览区中显示选区或图像。
- 替换：设置替换颜色的色相、饱和度和明度。

利用替换颜色功能替换天空颜色前后的对比效果如图6-50和图6-51所示。

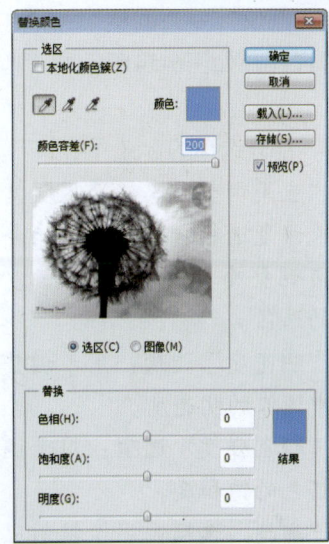

图6-49

图6-50

图6-51

6.2.4 匹配颜色

"匹配颜色"命令是一个智能的颜色调整工具，可以使多个图像文件、多个图层、多个色彩选区之间进行颜色的匹配，从而使源图像与目标图像的亮度、色相和饱和度相统一，该功能在图像合成中非常有用，如图6-52和图6-53所示。

图6-52

图6-53

执行"图像"→"调整"→"匹配颜色"命令，即可打开如图6-54所示的"匹配颜色"对话框。

其中，部分选项的含义介绍如下。

- "应用调整时忽略选区"复选框：勾选该复选框，Photoshop会将调整应用到整个目标图层上而忽略图层中的选区。
- "明亮度"选项：用于调整当前图层中图像的明亮度。
- "颜色强度"选项：用于调整图像中颜色的饱和度。
- "渐隐"选项：用于控制应用到图像中的调整量。
- "中和"复选框：勾选该复选框，可自动消除目标图像中色彩的偏差。
- "使用源选区计算颜色"复选框：勾选该复选框，可使用源图像中的选区的颜色计算调整度。否则将忽略图像中的选区，使用原图层中的颜色计算调整度。
- "使用目标选区计算调整"复选框：可使用目标图层中选区的颜色计算调整度。
- "源"选项：用于选择要将其颜色匹配到目标图像中的源图像。
- "图层"选项：用于选择源图像中带有需要匹配的颜色的图层。
- "载入统计数据"按钮：单击该按钮，将载入已存储的设置文件。
- "存储设计数据"按钮：单击该按钮，将保存所做的所有设置。

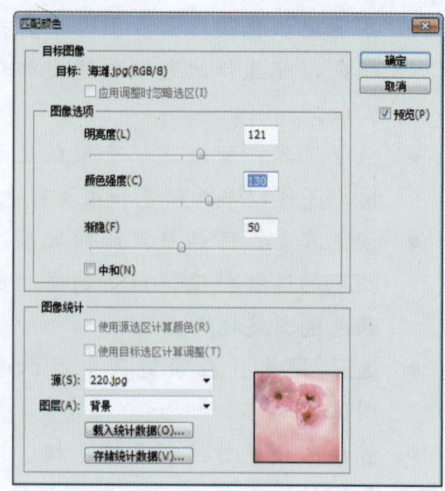

图6-54

6.2.5 阴影/高光

"阴影/高光"命令用于对曝光不足或曝光过度的照片进行修正。执行"图像"→"调整"→"阴影/高光"命令，即可打开如图6-55所示的"阴影/高光"对话框。

其中，部分选项的含义介绍如下。

- "数量"选项：用于调整阴影或高光的数量。其中，数值越大，则表示阴影越亮而高光越暗；反之阴影越暗而高光越亮。
- "半径"选项：用于调整应用阴影和高光效果的范围，设置该值可决定某一像素是属于阴影还是属于高光。
- "颜色校正"选项：用于微调彩色图像中已被改变区域的颜色。
- "中间调对比度"选项：用于调整中

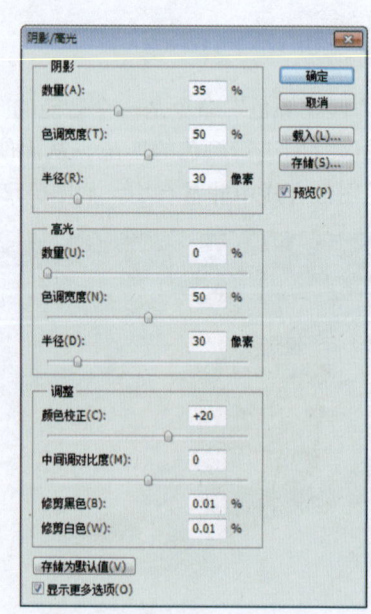

图6-55

间色调的对比度。
- "存储为默认值"按钮：单击该按钮，可将当前的设置存储为"阴影/高光"命令的默认设置。

6.2.6 曝光度

"曝光度"主要用于调整HDR图像的色调，但也可用于处理8位和16位的图像。执行"图像"→"调整"→"曝光度"命令，即可打开如图6-56所示的"曝光度"对话框。

其中，部分选项的含义介绍如下。
- "曝光度"参数：用于调整色调范围的高光，对阴影的影响很轻微。
- "位移"参数：用于使阴影和中间色调变暗，对高光的影响很轻微。

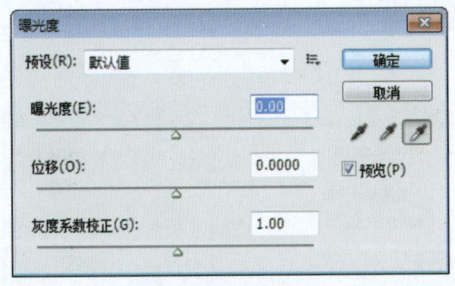

图6-56

> **提示**
>
> 在"曝光度"对话框中包含"设置黑场""设置白场""设置灰场"和三个吸管工具，它们主要用于调整图像的亮度值。
> - "设置黑场"吸管工具用于设置"位移"，同时将用户单击的像素变为黑色。
> - "设置白场"吸管工具用于设置"曝光度"，同时将用户单击的像素变为白色。
> - "设置灰场"吸管工具用于设置"曝光度"，同时将用户单击的像素变为中度灰色。

6.2.7 通道混合器

"通道混合器"命令用于对通道合成的控制，通过它可以将指定的通道与现有通道以一定的对比度和合成的方式进行调整。

执行"图像"→"调整"→"通道混合器"命令，打开如图6-57所示的"通道混合器"对话框。

其中，各主要选项的含义介绍如下。
- "输出通道"用于选择要调整的颜色通道。
- "源通道"用于调整源通道在输出通道中所占的百分比。
- "常数"用于改变输出通道的不透明

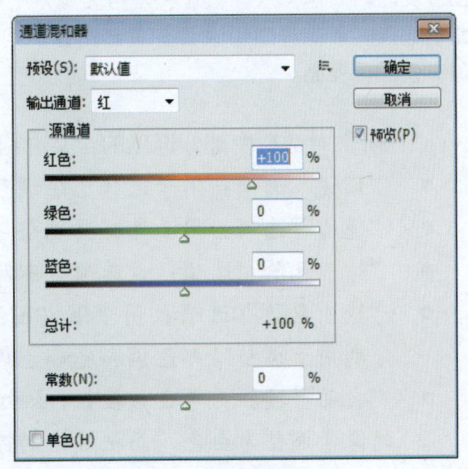

图6-57

度，其取值为-200%~200%。
- 勾选"单色"复选框，可将彩色图像变成只含灰度值的灰度图像。

6.3 调整图像色调

在Photoshop CS6中，可以使用"亮度/对比度""色阶""曲线"及"色调均化"等命令，对图像的色调进行快速调整。

6.3.1 色阶

色阶主要用于调整图像色彩的明暗程度，因此非常适合调整色彩暗淡、发灰的图像或照片。执行"图像"→"调整"→"色阶"命令或按Ctrl+L组合键，即可打开如图6-58所示的"色阶"对话框。

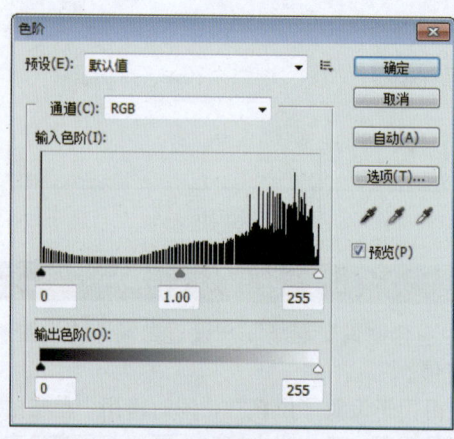

图6-58

> **提 示**
>
> 若选择黑色吸管并单击图像，则图像上所有像素的亮度值都会减去该选取色的亮度值，使图像变暗；若选择灰色吸管并单击图像，则Photoshop会用单击处的像素亮度来调整图像所有像素的亮度；若选择白色吸管并单击图像，则图像上所有像素的亮度值都会添加该选取色的亮度值，使图像变亮。

"色阶"对话框中部分选项的含义介绍如下。
- "预设"选项：用于选择已经调整完成的色阶效果。
- "通道"选项：用于选择要调整色调的通道。
- "输入色阶"选项：该选项分别对应上方直方图中的三个滑块。
- "输出色阶"选项：用于限定图像亮度范围，其取值范围为0~255，两个数值分别用于调整暗部色调和亮部色调。
- "自动"按钮：单击该按钮，Photoshop将以0.5的比例对图像进行调整，把最亮的像素调整为白色，而把最暗的像素调整为黑色。
- "选项"按钮：单击该按钮，可打开"自动颜色校正选项"对话框。该对话框主要用于设置"阴影"和"高光"所占比例。
- 吸管工具选项：用鼠标双击其中的某一只吸管都将会打开拾色器对话框，从中可以设置用于分配亮光、中间调和暗调的值。

利用色阶功能调整图像前后的效果分别如图6-59和图6-60所示。

图6-59

图6-60

提示

在设置输入色阶选项时，左侧数值用于控制图像的暗部色调，取值范围为0～253，通过设置该值，可将某些像素变为黑色；中间的数值用于控制图像中间色调，其取值范围为0.01～9.99；右侧数值用于控制图像亮部色调，其取值范围为2～255，通过设置该值，可将某些像素变成白色。

6.3.2 曲线

"曲线"命令的使用不仅可以调整图像整体的色调，还可以精确控制图像中多个色调区域的明暗度。可以说，使用"曲线"命令可以将一幅整体偏暗且模糊的图像变得清晰、色彩鲜明。

执行"图像"→"调整"→"曲线"命令或按Ctrl+M组合键，即可打开如图6-61所示的"曲线"对话框。其中，部分选项的含义如下。

- "输入"选项：与色调曲线的水平轴相同，用于设置源图像的亮度值。
- "输出"选项：与色调曲线的垂直轴相同，用于设置处理后图像的亮度值。
- 按钮：用于在图表各处制造节点从而产生色调曲线。拖动鼠标即可改变节点位置，向上拖动时色调变亮，向下拖动时色调变暗。
- 按钮：用于在图表上画出需要的色调曲线。选中该按钮，然后将光标移至图表中，当鼠标指针变成画笔时就可以徒手绘制色调曲线了。曲线形状越不规则，图像色彩变化越强烈。

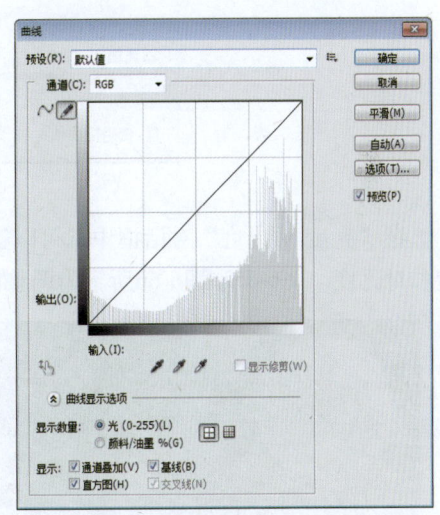
图6-61

- ![按钮]按钮：在图像上单击并拖动可以调整曲线。
- 平滑：使用"通过绘制来修改曲线"工具绘制自由形状的曲线后，单击该按钮，可以对曲线进行平滑处理。

图6-62和图6-63所示分别为改变RGB通道曲线的图像前后的效果。

图6-62

图6-63

6.3.3 亮度/对比度

"亮度/对比度"命令主要用于调节图像的亮度和对比度，当打开的图像太暗或模糊时，可以使用"亮度/对比度"命令来增加图像的清晰度。执行"图像"→"调整"→"亮度/对比度"命令，可打开如图6-64所示的"亮度/对比度"对话框。

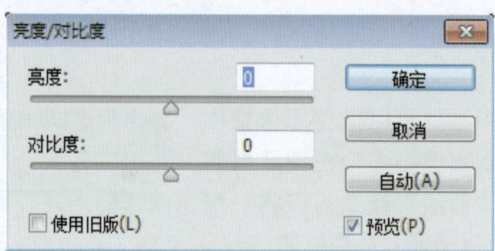
图6-64

在"亮度/对比度"对话框中，可以通过拖动滑块或在文本框中输入数值来调整图像的亮度和对比度。图6-65和图6-66所示为调整前后的对比效果。

图6-65

图6-66

6.3.4 色调均化

"色调均化"命令用于重新分配图像中各像素的亮度值。在执行此命令时，系统会自动查找图像中的最亮值和最暗值，并将这些值重新映射，使最暗值表示为黑色、最亮值表示为白色、中间像素均匀分布。

执行"图像"→"调整"→"色调均化"命令，即可为图像重新分配各像素，如图6-67和图6-68所示。

图6-67

图6-68

6.3.5 色调分离

"色调分离"命令用于指定图像中每个通道色调级的数目，并将这些像素映射为最接近的匹配色调，减少并分离图像的色调。执行"图像"→"调整"→"色调分离"命令，即可打开如图6-69所示的"色调分离"对话框。

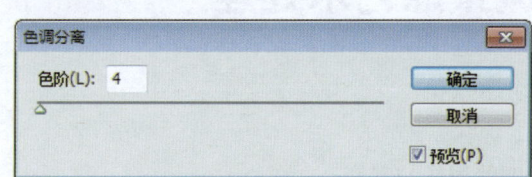
图6-69

其中，"色阶"数值越小，图像色彩变化越大；反之，"色阶"数值越大，图像色彩变化越小。

【拓展实训】

拓展实训1：为黑白照片上色

设计要领

（1）利用画笔工具为人物皮肤上色。
（2）为人物的服饰上色。
（3）调整图像的色相/饱和度效果。

对比效果如图6-70和6-71所示。本实训文件在"资料\素材文件\第6章"目录下。

图6-70　　　　　　　　　　　　　图6-71

拓展实训2：风景照艺术处理

设计要领

（1）导入素材图像。
（2）利用色阶功能调整图像的亮度。
（3）利用色彩平衡功能调整图像的色彩。
（4）查看并保存图像。

对比效果如图6-72和6-73所示。本实训文件在"资料\素材文件\第6章"目录下。

图6-72　　　　　　　　　　　　　图6-73

第7章 07 公益海报设计

内容概要：

众所周知，路径是Photoshop的主要工具之一，主要用于创建较复杂的图形或用于区域选择以及辅助抠图。本章将对路径的创建、重命名、复制、输出等操作进行介绍。

知识要点：

- 路径的概念
- 路径的创建
- 路径的选择
- 路径的复制
- 填充路径
- 描边路径

课程思政：

安全是发展的基础，稳定是强盛的前提。要贯彻总体国家安全观，健全国家安全体系，增强维护国家安全能力，提高公共安全治理水平，以新安全格局保障新发展格局。

课时安排：

理论教学2课时
上机实训5课时

实训效果图：

"保护环境、保护动物"公益海报设计

实训描述

本实训将通过灰色调的画面与憨态可掬的大熊猫形成对比,来刺激人们的眼球。

实训文件

本实训素材文件和最终文件在"资料\素材文件\第7章"目录下,本实训的操作视频在"资料\操作视频\第7章"目录下。

实训详解

在整个作品的设计过程中,首先利用素材制作出杂乱的背景,然后通过绘制路径、添加素材的方法,制作出大熊猫图像。需要强调的是,在制作大熊猫身体上的竹林效果时,应注意彩色和黑色之间的比例关系。下面将对本实训的制作过程进行详细讲解。

STEP 01 打开Photoshop CS6软件,创建一个A4大小的新文件。设置前景色为浅黄色(C12、M8、Y18、K0),按Alt+Delete组合键填充背景,效果如图7-1所示。

STEP 02 打开素材文件"底纹.jpg",使用移动工具拖动素材文件到正在编辑的文档中,调整其大小和位置,如图7-2所示。

图7-1

图7-2

STEP 03 设置图层的"混合模式"为"明度",如图7-3所示。

STEP 04 打开素材文件"竹子.jpg",拖动素材文件到正在编辑的文档中,调整其大小和位置,如图7-4所示。

图7-3

图7-4

STEP 05 随后设置图层"混合模式"为"明度",不透明度为20%,如图7-5所示。

STEP 06 单击"图层"面板底部的"添加图层蒙版"按钮,使用柔边圆的画笔工具绘制蒙版图像,如图7-6所示。

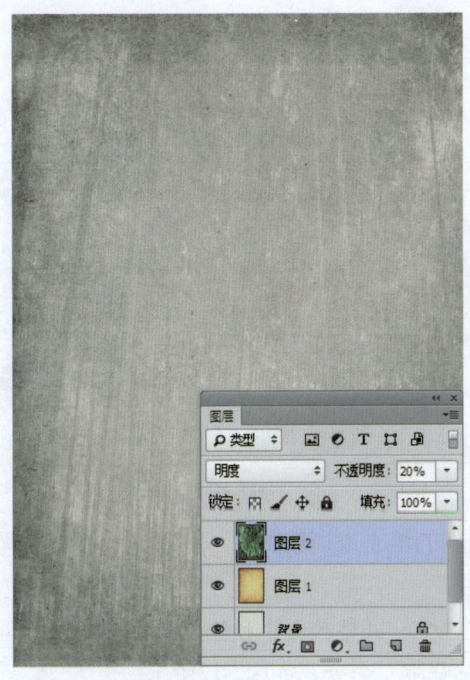

图7-5

图7-6

STEP 07 接下来绘制大熊猫。新建图层组"组 1",将图层组命名为"大熊猫",单击"路径"面板底部的"创建新路径"按钮,使用钢笔工具绘制如图7-7所示的熊猫路径。

STEP 08 单击"将路径作为选区载入"按钮,然后返回到"图层"面板,创建新图层,设置前景色为黑色,按Alt+Delete组合键填充颜色,如图7-8所示。

图7-7　　　　　　　　　　　　　图7-8

STEP 09 打开素材文件"竹子.jpg",拖动素材文件到正在编辑的文档中,调整其大小和位置,执行"图像"→"调整"→"去色"命令,如图7-9所示。

STEP 10 右击"图层 4"空白处,执行"创建剪贴蒙版"命令,将"图层 4"向下剪贴,创建出熊猫剪贴图像,如图7-10所示。

图7-9　　　　　　　　　　　　　图7-10

STEP 11 按住Ctrl键单击"图层 4",单击"创建新的填充或调整图层"按钮,添加曲线调整图层,然后继续向下创建剪贴蒙版,如图7-11所示。

STEP 12 将素材文件"竹子.jpg"再次拖入海报文档中,调整其大小和位置,在"图层"面板中右击图层,在弹出的快捷菜单中执行"创建剪贴蒙版"命令,如图7-12所示。

图7-11

图7-12

STEP 13 在"图层"面板中单击"添加图层蒙版"按钮,使用画笔工具编辑蒙版,创建出渐隐的图像效果,如图7-13所示。

STEP 14 使用横排文字工具依次创建不同的文字内容,如图7-14所示。

图7-13

图7-14

STEP 15 至此,完成本实例的制作。最终效果如图7-15所示。

图7-15

7.1 认识路径

所谓路径，是指在屏幕上表现为一些不可打印、不能活动的矢量形状，由锚点和连接锚点的线段或曲线构成。每个锚点包含了两个控制柄，用于精确调整锚点及前后线段的曲度，从而匹配想要选择的边界。

使用钢笔工具和自由钢笔工具都可以创建路径，也可以使用钢笔工具组中的其他工具，如添加锚点工具、删除锚点工具等对路径进行修改和调整，使其更适合用户的要求。执行"窗口"→"路径"命令，打开"路径"面板，从中可以进行路径的新建、保存、复制、填充以及描边等操作，如图7-16所示。

在"路径"面板中，各主要选项的含义介绍如下。

图7-16

- 路径缩略图和路径层名：用于显示路径的大致形状和路径名称，双击名称后可为该路径重命名。
- "用前景色填充路径"按钮●：单击该按钮可用前景色填充当前路径。
- "用画笔描边路径"按钮○：单击该按钮可用画笔工具和前景色为当前路径描边。
- "将路径作为选区载入"按钮：单击该按钮可将当前路径转换成选区，此时还可对选区进行其他编辑操作。
- "从选区生成工作路径"按钮：单击该按钮可将当前选区转换成路径。
- "添加图层蒙版"按钮□：单击该按钮可为路径添加图层蒙版。
- "创建新路径"按钮：单击该按钮可创建新的路径图层。
- "删除当前路径"按钮：单击该按钮可删除当前路径图层。

7.2 创建路径

在Photoshop中，绘制路径的常用工具组有钢笔工具组和形状工具组。其中，钢笔工具组包含钢笔工具、自由钢笔工具、添加锚点工具、删除锚点工具等，而形状工具组包含矩形工具、圆角矩形工具、椭圆工具、直线工具、多边形工具和自定形状工具等。形状工具在前面章节已经做了详细介绍，在此将主要以钢笔工具组为重点展开讲解。

7.2.1 钢笔工具

钢笔工具是最基本，也是最常用的路径工具，可以创建光滑而复杂的路径。在绘制路径前,在工具箱中选择钢笔工具,即可开始绘制路径。在绘制过程中,可以根据需要创建直线段或曲线段。

1. 绘制直线路径

创建直线路径的方法非常简单,只需依次单击鼠标左键,确定直线段的起点和终点即可,系统会分别在这两个位置增加锚点,并用直线连接两个锚点,如图7-17所示。

2. 绘制曲线路径

选择钢笔工具,依次在所绘曲线段的起点和终点位置按住鼠标左键进行拖动即可。在拖动鼠标时,将显示出方向线,鼠标指针的位置即为方向点的位置。通过改变方向线的方向和长度,可以控制曲线的形状,如图7-18所示。

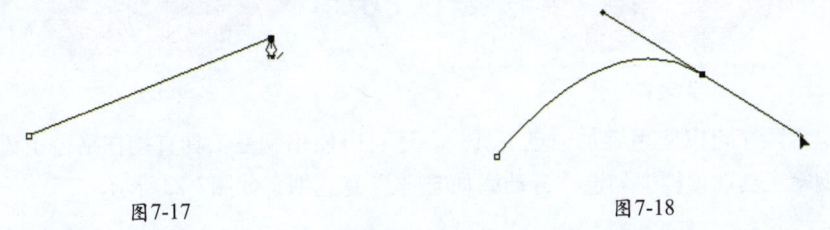

图7-17　　　　　　　　　　　图7-18

7.2.2　自由钢笔工具

自由钢笔工具类似于铅笔工具、画笔工具等,该工具根据鼠标的拖动轨迹建立路径(即手绘路径),而不需要像钢笔工具那样,通过建立控制点来绘制路径。使用自由钢笔工具创建路径的操作非常简单:只需选择自由钢笔工具,然后在图像窗口中拖动鼠标即可,鼠标指针经过处将绘制出曲线路径,如图7-19所示。

图7-19

在工具箱中选择自由钢笔工具后,在其对应的选项栏中勾选"磁性的"复选框(如图7-20所示),可以将自由钢笔工具转换为磁性钢笔工具,鼠标指针将显示为形状。

图7-20

磁性钢笔工具的使用方法与磁性套索工具相同,可以自动检测图像的边缘,并沿检测到的边缘建立路径。若要绘制开放的路径,则可按Enter键结束绘制;若要绘制闭合的路径,则可双击鼠标左键,系统会自动连接起点和终点。

7.2.3 添加锚点工具

在工具箱中选中添加锚点工具，然后将鼠标指针移到要添加锚点的路径上，当鼠标指针变为形状时单击，即可添加一个锚点。添加的锚点以实心显示，此时拖动该锚点可以改变路径的形状。添加锚点前后的对比效果如图7-21和图7-22所示。

图7-21　　　　　　　　　　图7-22

添加锚点除了可以使用添加锚点工具外，还可以使用钢笔工具直接在路径上添加，但前提是要在钢笔工具选项栏中勾选"自动添加/删除"复选框，如图7-23所示。

图7-23

7.2.4 删除锚点工具

删除锚点工具的功能与添加锚点工具相反，主要用于删除不需要的锚点。在工具箱中选择删除锚点工具，将鼠标指针移到要删除的锚点上，当鼠标指针变为形状时单击，即可删除该锚点。删除锚点后路径的形状也会发生相应变化。删除锚点前后的效果分别如图7-24和图7-25所示。

图7-24　　　　　　　　　　图7-25

提 示

使用转换点工具能将路径在尖角和平滑之间进行转换，具体有以下几种方式。
- 在要转换为平滑点的锚点上按住鼠标左键不放并拖动，会出现锚点的控制柄，拖动控制柄即可调整曲线的形状。
- 若要将平滑点转换成没有方向线的角点，只要单击平滑锚点即可。
- 若要将平滑点转换为带有方向线的角点，先使方向线出现，然后拖动方向点，使方向线断开。

7.3 路径的基本操作

本节将对路径的新建、存储、选择、复制、删除等基本操作进行介绍。

7.3.1 新建路径

在"路径"面板中，单击"创建新路径"按钮（如图7-26所示），即可创建一个新的路径，如图7-27所示。

若要对绘制的路径进行重命名操作，只需双击"路径"面板中路径的名称，当其呈可编辑状态时，输入新名称即可，如图7-28所示。

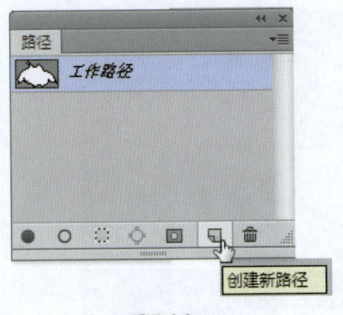
图7-26

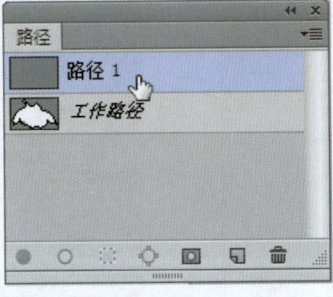
图7-27

图7-28

7.3.2 保存路径

在图像中首次绘制的路径会默认为工作路径，若将工作路径转换为选区并填充选区后，再次绘制路径则会自动覆盖前面绘制的路径，只有将其存储为路径，才能对路径进行保存。保存工作路径的方法主要有以下三种。

- 选择工作路径，单击"路径"面板右上角的三角形按钮，在弹出的快捷菜单中执行"存储路径"命令，如图7-29所示。
- 双击"路径"面板中需要保存的工作路径，在打开的"存储路径"对话框（如图7-30所示）中输入存储名称，单击"确定"按钮。
- 在"路径"面板中，将工作路径直接拖动到"创建新路径"按钮上。

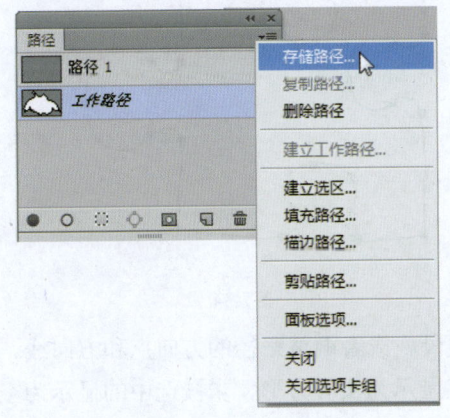
图7-29

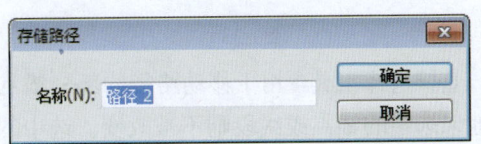
图7-30

> **提示**
>
> 删除路径的方法主要有以下四种。
> - 在"路径"面板中,选择要删除的路径,然后在右键菜单中执行"删除路径"命令,如图7-31所示。
> - 在"路径"面板中,将要删除的路径拖动到右下角的"删除当前路径"按钮上。
> - 在"路径"面板中,选择要删除的路径,单击"删除当前路径"按钮,如图7-32所示,在弹出的提示对话框中单击"是"按钮即可。
> - 在图像窗口中选择要删除的路径,在右键菜单中执行"删除路径"命令,或是直接按Delete键。

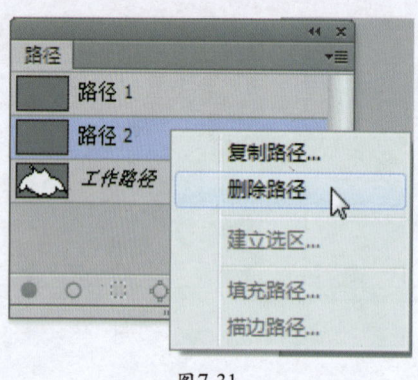

图7-31

图7-32

7.3.3 选择路径

在编辑路径之前,要先选中路径或路径上的锚点。Photoshop提供了两种工具用于选择路径,即路径选择工具和直接选择工具。

路径选择工具用于选择和移动整个路径:在工具箱中选择路径选择工具,将光标移动到图像窗口中单击路径,即可选择该路径。选择前后的效果如图7-33和图7-34所示。选择路径后按住鼠标左键不放进行拖动,即可改变所选择路径的位置。

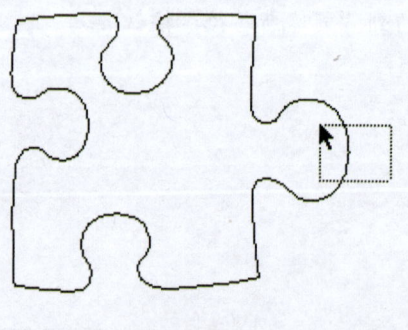

图7-33

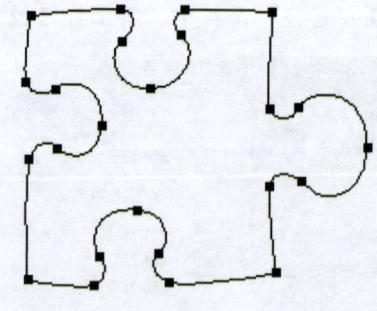

图7-34

直接选择工具用于移动路径的部分锚点或线段,或者调整路径的方向点和方向线,而其他未选中的锚点或线段则不被改变。选中的锚点显示为实心方形,未被选中的显示为空心方形,如图7-35和图7-36所示。

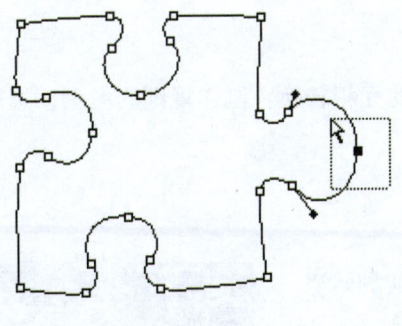
图7-35

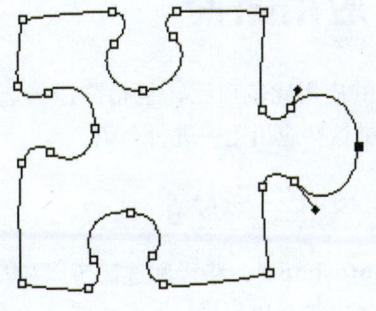
图7-36

7.3.4 复制路径

复制路径可以为路径制作副本,当在副本上处理该形状路径失误时,可以删除此路径,然后重新复制原路径制作副本,从而避免了误操作对原路径的损害。

在"路径"面板中选择需要复制的路径,单击鼠标右键,从弹出的快捷菜单中执行"复制路径"命令,在打开的"复制路径"对话框中输入所复制路径的名称,单击"确定"按钮即可,如图7-37和图7-38所示。另外,将要复制的路径直接拖动到面板底部的"创建新路径"按钮上,也可以实现复制路径。

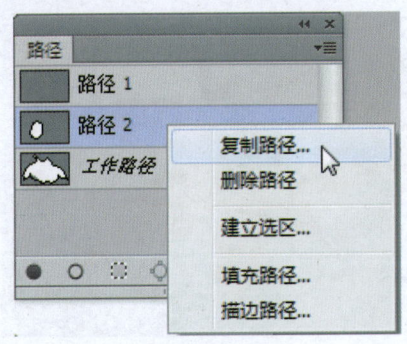
图7-37

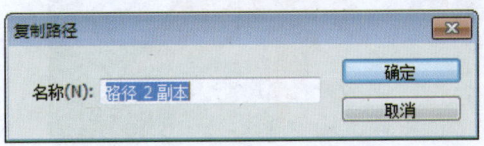
图7-38

在"路径"面板中创建多条路径后,当前图像窗口中显示的是当前路径。若要查看其他路径,只需在面板中单击相应的路径栏,该路径即可显示在图像窗口中。

> **提 示**
>
> 在Photoshop CS6中,路径可以输出到Illustrator中:执行"文件"→"导出"→"路径到Illustrator"命令,在打开的"导出路径到文件"对话框(如图7-39所示)中可设置要输出的路径,设置后单击"确定"按钮即可。

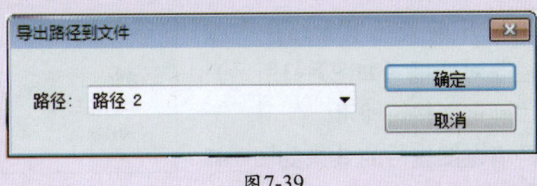
图7-39

7.4 应用路径

路径的应用比较广泛,包括路径与选区之间的互相转换、制作规则的图案、选取图像等。下面就这些应用逐一进行介绍。

7.4.1 路径与选区的互换

在Photoshop中,路径和选区可以相互转换。下面将对其转换方法进行介绍。

1. 路径转换为选区

绘制路径后,在"路径"面板中选中要转换为选区的路径,单击"将路径作为选区载入"按钮,如图7-40所示。

或是在绘制好路径后,直接按Ctrl+Enter组合键,也可将该路径转换为选区。

2. 选区转换为路径

在图像中创建选区后,单击"路径"面板底部的"从选区生成工作路径"按钮,即可将选定的区域转换为路径。转换前后的效果如图7-41和图7-42所示。

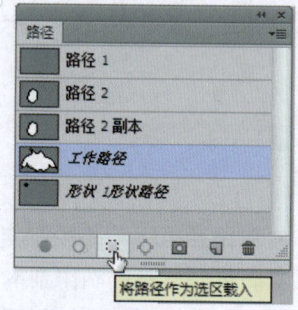

图7-40

图7-41

图7-42

7.4.2 填充路径

填充路径能对路径填充前景色、背景色或其他颜色,同时还能快速为图像填充图案。若路径为线条,则会按"路径"面板中显示的选区范围进行填充。

在"路径"面板中选择需要填充的路径,按住Alt键,单击面板底部的"用前景色填充路径"按钮,在打开的"填充路径"对话框(如图7-43所示)中进行设置,最后单击"确定"按钮即可。

对图7-44所示的路径填充图案后的效果如图7-45所示。

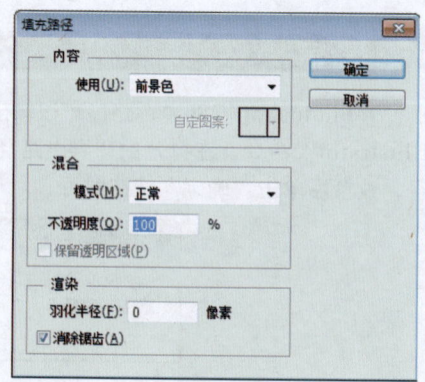

图7-43

图7-44　　　　　　　　　　　　　图7-45

> **提示**
>
> 　　在"路径"面板中，选择绘制的路径并右击，在右键菜单中执行"填充路径"命令，也可打开"填充路径"对话框。

7.4.3　描边路径

　　如需为路径描边，可先选择需要描边的路径，设置描边颜色以及描边工具的相关属性，然后在按住Alt键的同时，单击"路径"面板底部的"用画笔描边路径"按钮 即可。

　　或者在绘制路径后，在右键菜单中执行"描边路径"命令，在打开的"描边路径"对话框（如图7-46所示）中选择描边工具，单击"确定"按钮即可。描边前后的对比效果如图7-47和图7-48所示。

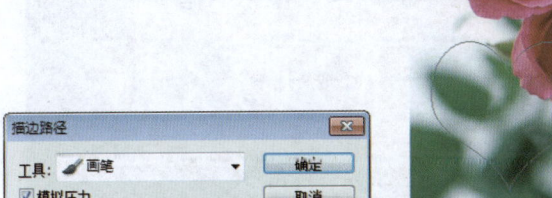  

　　图7-46　　　　　　　　　图7-47　　　　　　　　图7-48

> **提示**
>
> 　　路径与形状都是通过钢笔工具或形状工具创建的，但二者之间是有区别的。路径表现的是绘制图形以轮廓进行显示，不可以进行打印。形状表现的是绘制的矢量图像以蒙版的形式出现在"图层"面板中。在绘制形状时，系统自动会创建一个形状图层，形状图层可直接使用图层样式，并可以参与打印。

【拓展实训】

拓展实训1：制作镂空雕花效果

设计要领

（1）使用自由钢笔工具绘制路径。
（2）将路径转换为选区。
（3）为图形添加投影、斜面和浮雕效果。
（4）调整图像的色彩色调，使整个图像保持一致。

最终效果如图7-49所示。本实训文件在"资料\素材文件\第7章"目录下。

图7-49

拓展实训2：制作个性霓虹灯

设计要领

（1）新建文档，用钢笔工具创建路径。
（2）单击"路径"面板下方的"用画笔描边路径"按钮，使用画笔描边路径。
（3）输入文字，并添加背景。
（4）添加光照效果。
（5）根据需要设置图层样式。

最终效果如图7-50所示。本实训文件在"资料\素材文件\第7章"目录下。

图7-50

第8章
08 图像合成设计

内容概要：

在Photoshop的学习过程中，对通道和蒙版的掌握是非常重要的，这是由于它们的功能及实现的效果是其他命令或工具所不能与之相比的。本章将主要对通道的相关知识进行介绍，其中包括通道的类型、基本操作及实际应用等。

课时安排：

理论教学2课时
上机实训4课时

知识要点：

- 通道的类型
- "通道"面板
- 创建指定通道
- 分离与合并通道
- 复制与删除通道

课程思政：

治国必先治党，党兴才能国强。要时刻保持解决大党独有难题的清醒和坚定，勇于自我革命，一刻不停全面从严治党，坚定不移反对腐败，始终保持党的团结统一，确保党永远不变质、不变色、不变味。

实训效果图：

【实训精讲】

"墨舞"图像合成

实训描述

本实训介绍的是典型图像合成技术,将普通的人物照移植到一个梦幻的背景中,并加以修饰,以达到完美呈现的目的。

实训文件

本实训素材文件和最终文件在"资料\素材文件\第8章"目录下,本实训的操作视频在"资料\操作视频\第8章"目录下。

实训详解

在作品的设计过程中,先将人物从原有的图片中抠取出来,之后再导入到新的场景中,随后导入其他素材图形,最后输入文字。下面将对本实训的制作过程进行详细讲解。

STEP 01 打开素材文件"人物.jpg",复制两层人物图像素材,重命名为"人物1"和"人物2",如图8-1所示。

STEP 02 选择钢笔工具,将图片中人物的主体轮廓勾出,碎发部分不要勾在里面,如图8-2所示。

图8-1　　　　　　　　　　　　图8-2

STEP 03 单击"路径"面板底部的"将路径转化为选区"按钮,将路径转化为选区,如图8-3所示。

STEP 04 返回"图层"面板,选中"人物1"图层,单击"图层"面板底部的"添加图层蒙版"按钮 ，为复制图层添加蒙版，如图8-4所示。

图8-3　　　　　　　　　　　　　图8-4

STEP 05 选择"人物2"图层，打开"通道"面板，拖动"蓝"通道至"通道"面板底部的"创建新通道"按钮，复制一个"蓝"通道副本，如图8-5所示。

STEP 06 选择"蓝 副本"，按Ctrl+L组合键，打开"色阶"对话框，进行色阶调整，加大暗调和高光，使头发和背景对比强烈，如图8-6所示。

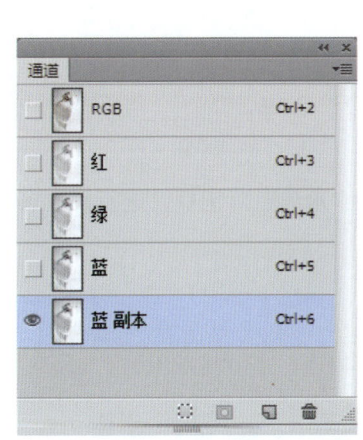

图8-5　　　　　　　　　　　　　图8-6

STEP 07 按Ctrl+I组合键将"蓝副本"通道反相，选择画笔工具，进行属性设置，然后用黑色画笔将头发以外涂黑，用白色画笔将头发涂白，如图8-7所示。

STEP 08 单击"通道"面板底部的"将通道作为选区载入"按钮，如图8-8所示。

STEP 09 返回"图层"面板，单击"图层"面板底部的"添加图层蒙版"按钮 ，为复制图层添加蒙版，如图8-9所示，此时人物从图像里分离出来。

STEP 10 新建宽度和高度均为500的画布，前景色和背景色均设置默认，执行"滤镜"→"渲染"→"云彩"命令，如图8-10所示。

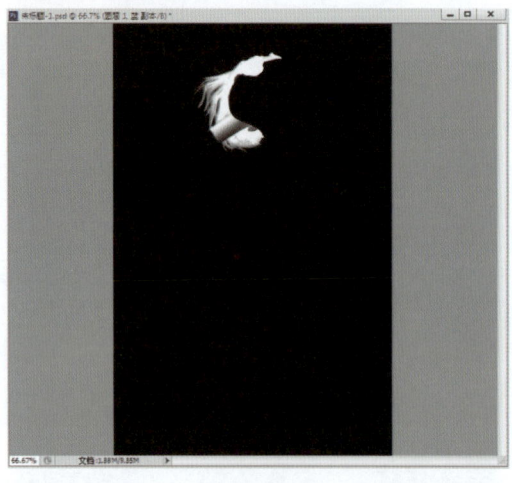

图8-7　　　　　　　　　　　图8-8

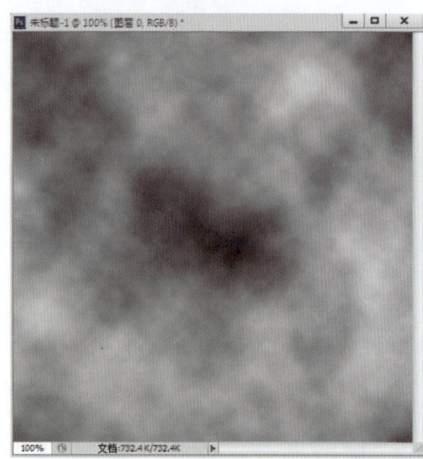

图8-9　　　　　　　　　　　图8-10

STEP 11 执行"滤镜"→"扭曲"→"水波"命令，弹出"水波"对话框，进行设置参数，单击"确定"按钮，如图8-11所示。

STEP 12 选择变形工具，调整水波形状，如图8-12所示。

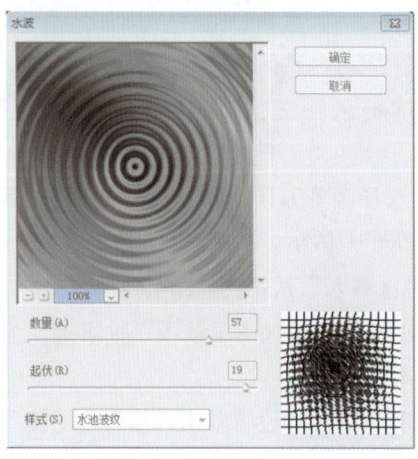

图8-11　　　　　　　　　　　图8-12

STEP 13 打开素材文件"背景.png",如图8-13所示。

STEP 14 执行"图像"→"调整"→"色彩平衡"命令,调整图像,如图8-14所示。

图8-13　　　　　　　　　　　图8-14

STEP 15 将做好的水波拖入图像左下角中,设置其混合模式为"强光",然后为"水波"图层添加图层蒙版,使用画笔工具将多余的部分擦除,如图8-15所示。

STEP 16 打开素材文件"荷花金鱼.png",将其拖入图像右下角,设置其混合模式为"正片叠底",如图8-16所示。

图8-15　　　　　　　　　　　图8-16

STEP 17 将之前抠出的人物拖入图像中,复制人物图层,调整方向,制作人物倒影,如图8-17所示。

STEP 18 打开素材文件"丝带.png",使用"通道"面板,把丝带抠取出来,移动到人物图层上方,如图8-18所示。

STEP 19 为丝带图层添加图层蒙版,使用画笔工具擦除遮挡人物部分,然后执行"图像"→"调整"→"色相/饱和度"命令,编辑颜色为灰蓝色,然后复制两层,如图8-19所示。

STEP 20 选择顶层的丝带,按Ctrl+I组合键反相,设置其混合模式为"叠加",选择底层丝带，执行"滤镜"→"模糊"→"高斯模糊"命令，使其模糊，效果如图8-20所示。

图8-17　　　　　　　　　　　　　　图8-18

图8-19　　　　　　　　　　　　　　图8-20

STEP 21　再复制丝带图层，将其放置在图像上方，如图8-21所示。

STEP 22　选择文字工具，输入文本，设置文本样式，最终效果如图8-22所示。至此完成整个作品的设计。

图8-21　　　　　　　　　　　　　　图8-22

8.1 通道概述

在Photoshop中，通道是基于色彩模式而衍生出的一种简化操作工具，即：打开图像后可自动创建颜色信息通道。通道的数量取决于图像的模式，而与图层的多少无关。例如，对于一幅RGB模式的图像来说，它具有Red（红）、Green（绿）、Blue（蓝）三个默认通道；而对于一幅CMYK模式的图像来说，则具有Cyan（蓝绿）、Magenta（洋红）、Yellow（黄）、Black（黑）四个默认通道。但不论哪一种色彩模式，都有一个主通道。当修改通道中颜色信息的值时，便会直接改变图像的色彩。

8.1.1 通道的类型

根据通道的功能及其所属类型的不同，可将其分为三种类型：一是颜色通道，用于描述图像色彩信息；二是Alpha通道，用于存储选择范围；三是专色通道，用于记录专色信息。

1. 颜色通道

颜色通道用于保存图像的颜色数据，不同的颜色通道保存了图像的不同颜色信息。例如，在RGB模式图像中，红色通道保存了图像中红色像素的分布信息，绿色通道保存了图像中全部绿色像素的分布信息。所有颜色通道合成在一起，才会得到具有色彩效果的图像。若图像缺少某一原色通道，则合成的图像将会偏色；若随意删除一个颜色通道，则该图像的模式就会被改变。

不同的颜色模式以不同的方法描述颜色，如果图像是RGB模式，那么图像就是由三个通道组成，分别是红、绿、蓝，如图8-23所示。如果图像是CMYK模式，就有洋红、青色、黄色、黑色四个默认通道，如图8-24所示。

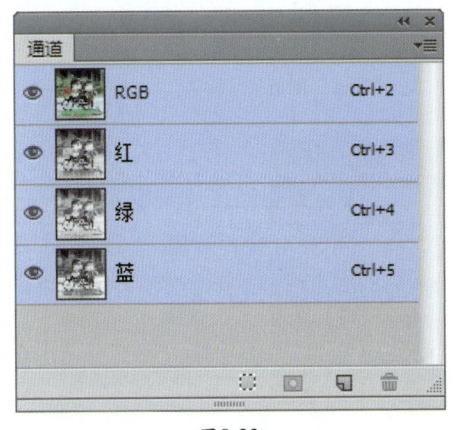

图8-23

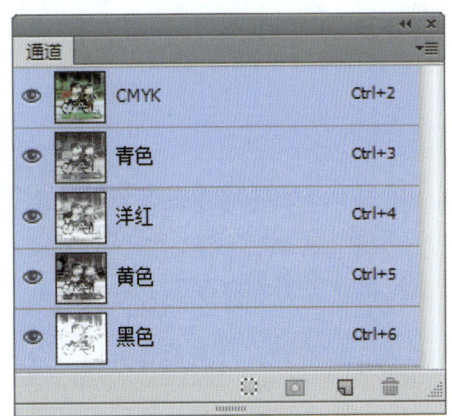

图8-24

因此，对各通道颜色进行调整即可修改图像的颜色。但是一般不直接在通道中进行编辑，而是在使用调整工具时从通道列表中选择所需的颜色通道。

> **提示**
>
> Photoshop处理的图像除了常见的彩图以外,还有灰度图以及位图,该模式的通道称为单色通道。

2. Alpha通道

Alpha通道是计算机图形学中的术语,是将选区存储为8位灰度图像放入"通道"面板中,用于处理隔离和保护图像的特定部分。该通道在生成图像文件时不会自动产生,而是在图像处理过程中人为创建,并从中读取选择区域的信息。除了常见的PSD文件格式外,GIF与TIFF格式的文件也都可以保存Alpha通道。

Alpha通道与颜色通道不同,它是为保存选择区域而专门设计的通道。其中,白色表示被选取区域,黑色表示非选取区域,不同层次的灰度则表示该区域被选取的百分率。选区保存后就成为一个蒙版,保存在Alpha通道中,在需要时可载入图像继续使用。

3.专色通道

专色通道用于出版专色。通常情况下,为了使印刷品达到一定的效果,常常要做一些特殊处理,如增加夜光油墨、烫金等,这些特殊颜色的油墨即称为专色。在图像处理软件中,都保存有完整的专色油墨列表。一般只需选择合适的专色油墨,就会生成与其相对应的专色通道。但在处理时需要注意的是,专色通道与原色通道恰好相反,用黑色代表选取(即喷绘油墨),用白色代表不选取(不喷绘油墨)。

8.1.2 "通道"面板

"通道"面板用于创建并管理通道,以及监视编辑效果。通道的许多操作都要在"通道"面板中进行。

执行"窗口"→"通道"命令,可打开如图8-25所示的"通道"面板。其中,通道的显示/隐藏、新建、删除等基本操作与图层的基本操作相同。此外,按通道切换快捷键可快速选择所需的通道。

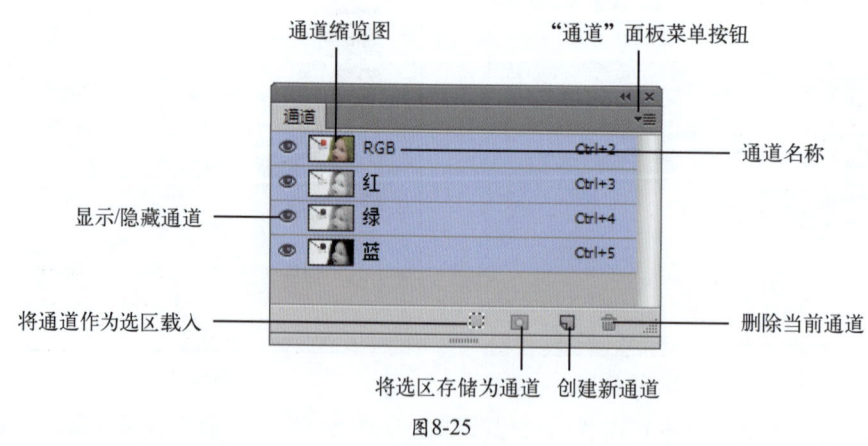

图8-25

"通道"面板中的主要选项含义如下所述。

- 通道缩览图：通道缩览图用于显示通道中的内容，可以通过缩览图迅速辨别每个通道。"通道"面板中的第一个缩览图是复合通道。其实它并不算是通道，复合通道代表所有单个颜色通道混合后的全彩效果。
- 通道名称：每一个通道都有一个名称紧跟在缩览图之后，在创建新通道的时候可以双击通道名称进行修改，但是对于图像的主要通道和原色通道是不能改变名称的。
- 显示/隐藏通道：单击小眼睛标志就可以显示或隐藏通道。
- 将通道作为选区载入：单击此按钮可将当前通道的内容转换为选区。转换过程通常是白色部分在选区之内，黑色部分在选区之外，灰色部分则是相当于羽化的效果。
- 将选区存储为通道：创建选区后，单击该按钮可以将选区保存到"通道"面板中，方便以后调用。
- 创建新通道：单击此按钮可以迅速创建一个空白Alpha通道，通道显示为全黑色。
- 删除当前通道：选中通道后，单击此按钮可以删除当前通道，也可以在通道上右击，在弹出的快捷菜单中执行"删除通道"命令进行删除。

8.2 通道的基本操作

通道的操作通常在"通道"面板中完成，包括创建Alpha通道、创建专色通道、复制与删除通道、分离与合并通道等。本节将对这些操作进行具体介绍。

8.2.1 创建Alpha通道

在"通道"面板中，创建Alpha通道常用的方法有两种：其一是使用"创建新通道"按钮；其二是单击"通道"面板右上角的三角形按钮，在弹出的快捷菜单中执行"新建通道"命令，打开"新建通道"对话框，如图8-26所示。

该对话框中各选项的含义介绍如下。
- 名称：用于设置新建通道的名称，其默认名称为"Alpha 1"。
- 色彩指示：用于确认新建通道的颜色显示方式。若选中"被蒙版区域"单选按钮，则新建通道中的黑色区域代表蒙版区，白色区域代表保存的选区；若选中"所选区域"单选按钮，则含义相反。

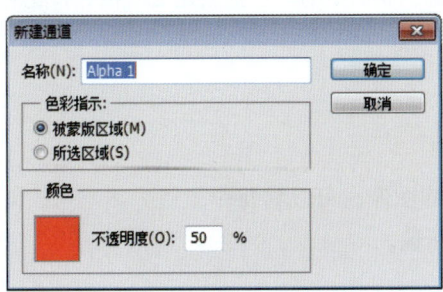

图8-26

- 颜色：单击颜色块，将弹出"拾色器"对话框，从中可选择用于显示蒙版的颜色。

> **提示**
>
> Alpha通道与选区有着密切的关系，可以创建从黑到白共256级灰度色。Alpha通道中的纯白色区域为选区，纯黑色区域为非选区，而灰色区域为羽化选区。

8.2.2 创建专色通道

执行"通道"面板菜单中的"新建专色通道"命令，打开如图8-27所示的"新建专色通道"对话框，进行设置参数后，单击"确定"按钮，即可创建一个专色通道，如图8-28所示。

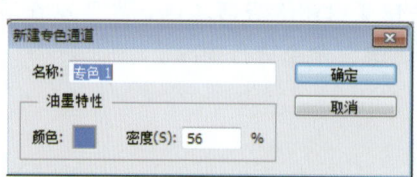
图8-27

图8-28

除了通过新建的方法得到专色通道，还可以将Alpha通道转换为专色通道。具体的操作方法为：选择Alpha通道，在"通道"面板菜单中执行"通道选项"命令（或直接双击Alpha通道名称），在打开的"通道选项"对话框中，选择"色彩指示"选项区中的"专色"选项，完成后单击"确定"按钮即可。

在"新建专色通道"对话框中，各选项的含义介绍如下。
- "名称"：用于设置新专色通道的名称。
- "颜色"：用于选择油墨的颜色。
- "密度"：用于确定油墨的密度，数值范围为0%～100%，只是用来在屏幕上显示模拟打印专色的密度，而不影响打印输出的效果。

> **提示**
>
> 按住Ctrl键并单击"通道"面板中的"创建新通道"按钮，也可以打开"新建专色通道"对话框。

8.2.3 分离与合并通道

对于一幅包含多个通道的图像，可以将每个通道分离出来，对分离后的通道经过编辑和修改后，再重新合并成一幅图像。

1. 分离通道

单击"通道"面板右上角的 按钮，从弹出的面板菜单中执行"分离通道"命令，此时每一个通道都会从原图像中分离出来，同时关闭源文件。分离后的图像将以单独的窗口显示在屏幕上。这些图像都是灰度图，不含有任何彩色，并在标题栏上显示其文件名。文件名是由源文件的名称和当前通道的英文缩写组成的。图8-29和图8-30所示分别为执行"分离通道"命令前后的效果。

图8-29　　　　　　　　　　　　　　图8-30

提　示

执行"分离通道"命令的图像必须是只含有一个背景层的图像。如果当前图像含有多个图层，则需先合并图层，否则"分离通道"命令不可用。

2. 合并通道

用户也可以将分离后的通道或者多个灰度图像合并为一个新图像。但要注意的是，被合并的图像都必须为灰度模式，且具有相同的像素尺寸。打开的灰度图像的数量决定了合并通道时可用的颜色模式。

合并通道的具体操作方法是：选择一个分离后经过编辑修改的通道，单击右上角的按钮，在弹出的面板菜单中执行"合并通道"命令，在打开的"合并通道"对话框中设置模式选项（RGB颜色）和通道选项参数，如图8-31所示。设置完成后单击"确定"按钮，弹出"合并RGB通道"对话框，设置后单击"确定"按钮即可，如图8-32所示。

图8-31　　　　　　　　　　　　　　图8-32

提　示

在"合并通道"对话框中，"模式"用于指定合并后图像的颜色模式，"通道"用于输入合并通道的数目。在"合并RGB通道"对话框中，可分别为红、绿、蓝三原色通道选定各自的源文件。如果三原色选定的源文件不同，会直接关系到合并后的图像效果。

8.2.4　复制与删除通道

保存了一个选区范围后，对该选区范围进行编辑时，通常要先将该通道的内容复制后再编辑，以免编辑后不能还原，这时就可以复制通道。为了节省硬盘的存储空间，提高程序运行速度，还可以将不用的通道删除。

1. 复制通道

复制通道与复制图层的操作非常类似，其方法有如下两种。

（1）使用鼠标拖动复制。选中要复制的通道，拖动该通道至面板底端的"创建新通道"按钮上，如图8-33和图8-34所示。

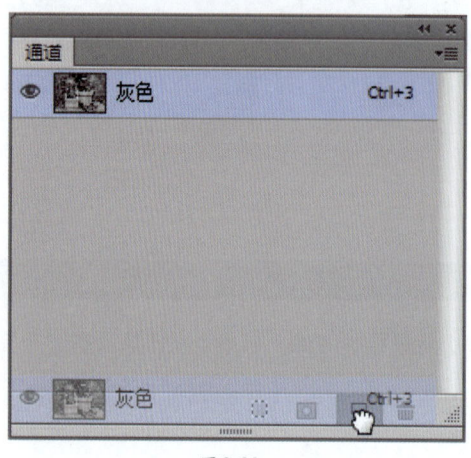
图8-33

图8-34

（2）使用菜单命令复制。选中要复制的通道，单击"通道"面板右上角的三角形按钮，在弹出的面板菜单中执行"复制通道"命令，如图8-35所示。随后将弹出如图8-36所示的对话框，从中设置新通道的名称和目标文档，最后单击"确定"按钮，即可完成通道的复制。

图8-35

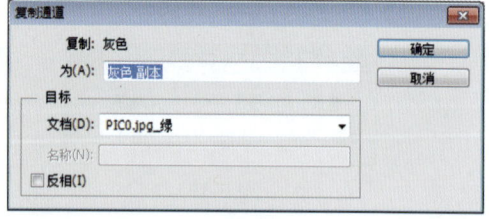
图8-36

2. 删除通道

删除通道的方法也很简单，将要删除的通道拖至"删除当前通道"按钮上，或者选中通道后，执行面板菜单中的"删除通道"命令即可。在删除通道时，如果删除的不是Alpha通道，而是颜色通道，则图像将转为多通道颜色模式，图像颜色也将发生相应的变化。

提 示

通道的转换是指改变颜色通道中的颜色信息，改变图像颜色模式也就是转换通道。具体的操作方法是：执行"图像"→"模式"命令，在弹出的子菜单中选择所需的颜色模式即可。

除此之外，还可以通过执行"文件"→"自动"→"条件模式更改"命令，打开"条件模式更改"对话框，如图8-37所示。其中，"源模式"选项区用于设置用以转换的颜色模式，而"目标模式"选项区则用于设置图像最终要转换成的颜色模式。

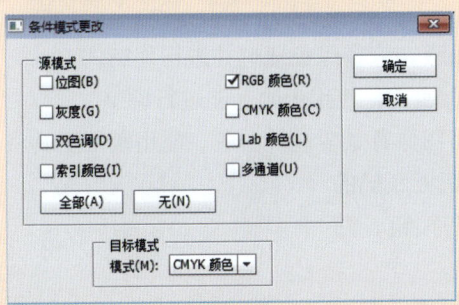

图8-37

【拓展实训】

拓展实训1：利用通道技术抠图

设计要领

（1）打开"通道"面板，选择绿色通道并进行复制。

（2）选择"绿 副本"通道，使用色阶功能进行调整。

（3）使用减淡工具将图像背景变成纯白色，使用画笔工具将人物涂成黑色。

（4）单击"通道"面板底部的"将通道作为选区载入"按钮，随后切换到RGB通道。

（5）返回"图层"面板，双击背景图层，将其转换为普通图层，然后按Ctrl+J组合键复制图层，隐藏"图层0"。

最终效果如图8-38所示。本实训文件在"资料\素材文件\第8章"目录下。

图8-38

拓展实训2：美化人物照

设计要领

（1）添加图层蒙版，随后用白色画笔在人物皮肤上涂抹。

（2）打开"通道"面板，选择蓝色通道，全选图像并复制。

（3）更改图层混合模式，并对图像的色彩色调做出调整。

最终效果如图8-39和图8-40所示。本实训文件在"资料\素材文件\第8章"目录下。

图8-39　　　　　　　　　图8-40

第9章
09 产品包装设计

内容概要：

在Photoshop中，蒙版用来控制图像的显示与隐藏区域，是进行图像合成的重要途径。本章将对蒙版的相关知识进行全面介绍，其中包括蒙版的定义、蒙版的创建、蒙版的基本操作等。

知识要点：

- 蒙版的概念
- 创建蒙版
- 添加图层蒙版
- 编辑图层蒙版
- 启用图层蒙版

知识要点：

实现祖国完全统一是全体中华儿女的共同愿望，是民族复兴的题中之义。要贯彻新时代党解决台湾问题的总体方略，坚持一个中国原则和"九二共识"，积极促进两岸关系和平发展，坚决反对外部势力干涉和"台独"分裂活动，坚定不移推进祖国统一进程。

课时安排：

理论教学2课时
上机实训4课时

实训效果图：

【实训精讲】

"好滋味咖啡"包装设计

实训描述

本实训画面以金色和黑色调为主，体现咖啡带给人的时尚浪漫的感觉。在进行包装设计的时候要避免图像的杂乱，图像摆放越有序，给人的传达性越强。

实训文件

本实训素材文件和最终文件在"资料\素材文件\第9章"目录下，本实训的操作视频在"资料\操作视频\第9章"目录下。

实训详解

整个包装的设计过程中，首先新建文件，添加参考线，根据参考线的位置，创建出刀版线，然后开始设计包装的正面图像。下面将对本实训的制作过程进行详细讲解。

STEP 01 创建一个宽度为36厘米、高度为28厘米、分辨率为200像素/英寸的新文档，随后在视图中创建参考线，如图9-1所示。

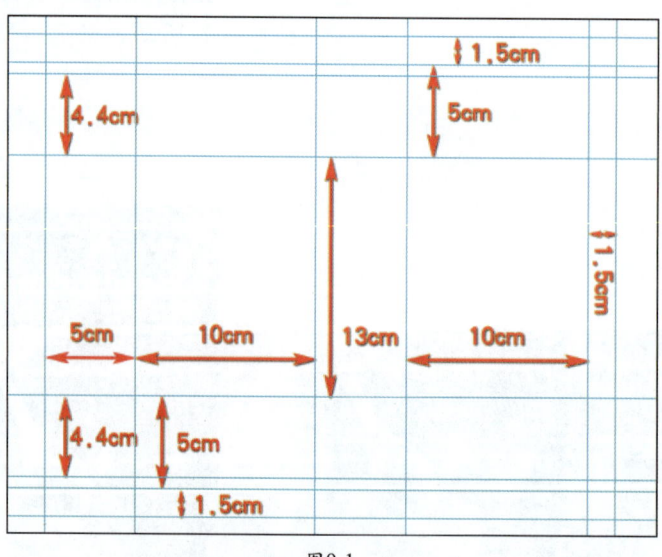

图9-1

STEP 02 选择矩形工具，在选项栏中单击"路径"工具模式，使用矩形工具根据参考线在视图中绘制矩形，效果如图9-2所示。

STEP 03 利用钢笔工具和直接选择工具调整路径，如图9-3所示。

STEP 04 新建"图层 1"，选择硬边缘画笔工具，在其选项栏中设置画笔大小为3像素，在"路径"面板中右击"工作路径"图层，在弹出的快捷菜单中执行"描边路径"命令，将路径转换为图像,效果如图9-4所示。

图9-2

图9-3

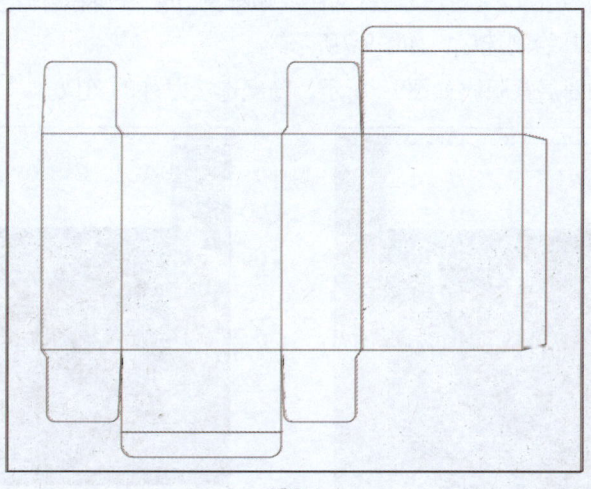

图9-4

STEP 05 使用矩形选框工具绘制矩形选区，然后单击"图层"面板底部的"创建新的填充或调整图层"按钮，在弹出的快捷菜单中执行"渐变填充"命令，创建"渐变填充 1"图层，如图9-5所示。

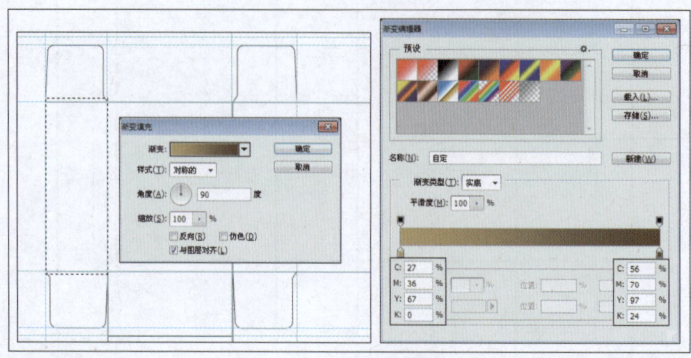

图9-5

STEP 06 复制上一步创建的渐变填充图像，移动其位置作为包装的侧面，效果如图9-6所示。

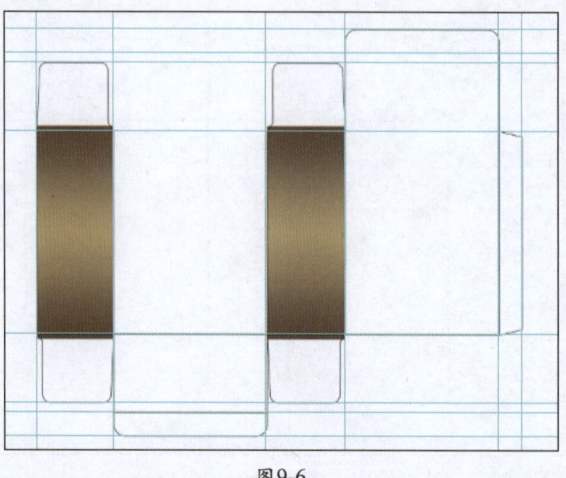

图9-6

STEP 07 新建图层组"组 1"，打开素材文件"咖啡豆.jpg"，将其拖至当前正在编辑的文档中，利用矩形选框工具绘制选区，如图9-7所示。

STEP 08 为图层添加图层蒙版，如图9-8所示，隐藏选区以外的图像。

图9-7　　　　　　　　　　　　图9-8

STEP 09 在咖啡图像所在图层的下面新建"图层 1",利用矩形选框工具绘制选区,并填充颜色为黑红色(C93、M90、Y84、K77),效果如图9-9所示。

STEP 10 打开素材文件"咖啡杯.tif",将其拖至当前正在编辑的文档中,如图9-10所示,调整图像的大小及位置。

图9-9

图9-10

STEP 11 使用横排文字工具添加文字内容,如图9-11所示。

STEP 12 选择圆角矩形工具,设置"半径"为5像素,使用圆角矩形工具绘制合适的形状,如图9-12所示。

图9-11

图9-12

STEP 13 为图层添加图层蒙版,在蒙版中绘制咖啡杯图像,然后新建图层,绘制白色烟雾图像,如图9-13所示。

图9-13

STEP 14 双击上一步创建图层的缩览图,在打开的"图层样式"对话框中进行设置,为图层添加"内发光"图层样式,如图9-14所示。

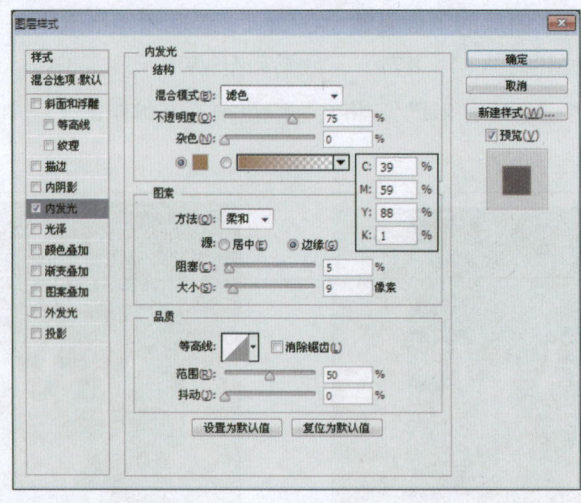

图9-14

STEP 15 为图层添加"渐变叠加"图层样式，如图9-15所示。

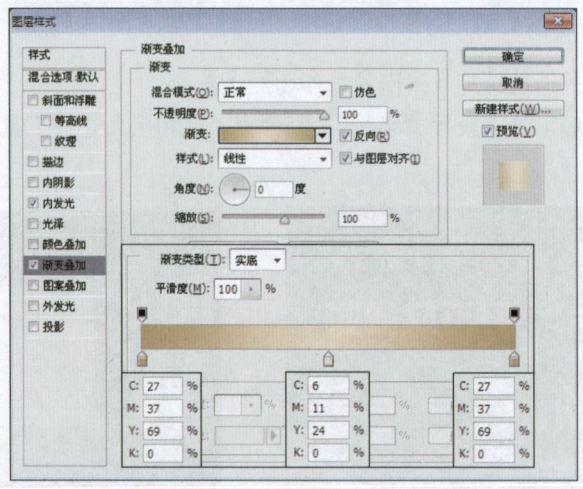

图9-15

STEP 16 为文字添加与上一步相同的图层样式，效果如图9-16所示。

STEP 17 新建图层，使用多边形选框工具绘制三角图像，并填充与步骤15相同的"渐变叠加"图层样式，然后使用横排文字工具添加文字，效果如图9-17所示。

图9-16

图9-17

STEP 18 继续使用横排文字工具添加包装净含量等文字信息,如图9-18所示,复制并移动"组1"中的图像。

图9-18

STEP 19 新建图层组"组2",复制图层组"组1"中的字体,打开素材文件"冲咖啡过程.jpg""QS标志.jpg""垃圾入框标志.jpg""条形码.jpg",将它们拖至当前正在编辑的文档中,如图9-19所示,调整图像的大小及位置。

图9-19

STEP 20 新建图层组"组3",复制图层组"组1"中的文字,使用横排文字工具添加文字信息,选择圆角矩形工具并在其选项栏中设置"半径"为15像素,在视图中绘制矩形色块,如图9-20所示。

STEP 21 新建图层组"组4",复制图层组"组1"中的图像并进行调整,以创建盒盖上的图像,如图9-21所示。

STEP 22 至此,完成整个包装的设计,最终效果如图9-22所示。

图 9-20

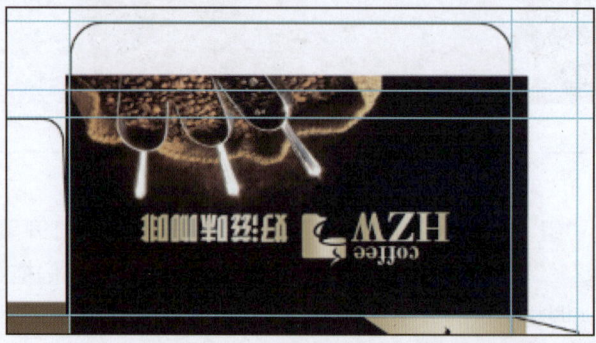

图 9-21

图 9-22

9.1 蒙版概述

蒙版是Photoshop中的一个重要概念，使用蒙版可以将一部分图像区域保护起来。更改蒙版可以对图层应用各种效果，而不会影响该图层上的图像。

9.1.1 什么是蒙版

蒙版是浮在图层之上的一块挡板，本身不包含图像数据，只是对图层的部分数据起遮挡作用，当对图层进行操作处理时，被遮挡的数据将不会受影响。它是将不同灰度色值转化为不同的透明度，并作用到它所在的图层，使图层不同部位透明度产生相应的变化。黑色为完全透明，白色为完全不透明。利用蒙版功能可以轻松地执行以下操作。

1. 复杂边缘抠图

抠图是Photoshop的基本操作。路径适合于边缘整齐的图像，魔棒适合于颜色单一的图像，套索适合于边缘清晰一致能够一次完成的图像，通道适合于影调能区分的图像。而对于边缘复杂、块面很碎、颜色丰富、边缘清晰度不一、影调跨度大的图像，最理想的方法就是使用蒙版进行抠图，前后的效果分别如图9-23和图9-24所示。

图9-23

图9-24

2. 替换局部图像

使用图层蒙版能够轻松实现图像的局部替换，效果分别如图9-25和图9-26所示。

综上所述，蒙版具有以下优点。

- 修改方便，可以反复修改，但不会影响图层本身。
- 可运用不同的滤镜效果。
- 任何一张灰度图都可用为蒙版。

图9-25　　　　　　　　　　　　　　　图9-26

9.1.2　蒙版的创建

在Photoshop中，蒙版可分为快速蒙版、图层蒙版、矢量蒙版和剪贴蒙版四种。下面将分别对其进行介绍。

1.图层蒙版

图层蒙版是位图图像，与分辨率相关，由绘图或选择工具创建。在"图层"面板中，单击图层蒙版缩览图即可将其激活，此时可以使用任意的编辑或绘图工具在蒙版上编辑。将蒙版涂成白色，可以显示图层中对应位置的图像；将蒙版涂成灰色，可以得到半透明效果；将蒙版涂成黑色，可以隐藏图层中对应位置的图像，如图9-27和图9-28所示。

图9-27　　　　　　　　　　　　　　　图9-28

2.快速蒙版

快速蒙版是一种临时蒙版。使用快速蒙版只是建立图像的选区，而不会对图像进行修改。它可以在不使用通道的情况下快速地将选区范围转化为蒙版，然后在快速蒙版模式下进行编辑，当退出快速蒙版编辑模式时，未被蒙版遮盖的部分将变成选区范围，如图9-29和图9-30所示。

3.剪贴蒙版

剪贴蒙版是由多个图层组成的，最下面的一个图层叫基层，位于其上的图层叫顶层。基层只能有一个，而顶层可以有若干个。从狭义的角度讲，剪贴蒙版单指其中的基层。它的作用范围比一般的图层蒙版更宽泛。它由图层转换而来，可以将其看作是一种过滤装置，利用下层图层的形状，控制上层图层的显示效果，如图9-31和图9-32所示。

图9-29

图9-30

图9-31

图9-32

9.2 蒙版的基本操作

蒙版是一种屏蔽，可以将一部分图像区域保护起来，当选中"通道"面板中的蒙版通道时，前景色和背景色将以灰度显示。

9.2.1 添加图层蒙版

在"图层"面板中，选择要添加蒙版的图层，执行"图层"→"图层蒙版"→"显示全部"命令，或直接单击"图层"面板中的 按钮，均可在当前图层上添加一个空白的图层蒙版。使用此方法创建的蒙版呈白色，因此图层中的图像仍全部显示在图像窗口中。

如果执行"图层"→"图层蒙版"→"隐藏全部"命令，或在按住Alt键的同时单击"图层"面板中的"添加矢量蒙版"按钮 ，均可得到一个黑色的蒙版，同时当前图层中的图像会被全部隐藏。使用画笔工具或橡皮擦工具在蒙版中绘图，即可显示或隐藏所要的区域。

如果当前图层中存在选区，则可以依据选区创建蒙版。其操作方法是：在图像中建立选区，执行"图层"→"图层蒙版"→"显示选区"命令，可得到隐藏选区外图像的效果，即选区内为白色，选区外为黑色的蒙版；若执行"图层"→"图层蒙版"→"隐藏选区"命令，则会得到相反的结果，选区内的图像会被隐藏。

例如，在创建图层蒙版时，当前文件中存在选区（如图9-33所示），此时就可以通过选区创建蒙版。此时将会显示选区中的图像，隐藏选区外的图像，如图9-34所示。此时的"图层"面板如图9-35所示。

图9-33　　　　　　　　　　图9-34　　　　　　　　　　图9-35

提 示

删除图层蒙版有以下两种方法。

（1）选择所需删除的蒙版缩览图，执行"图层"→"图层蒙版"→"删除"命令。

（2）选择所需删除的蒙版缩览图，直接拖动到图层面板底部的 按钮，在弹出的对话框中执行相应的命令即可，如图9-36所示。

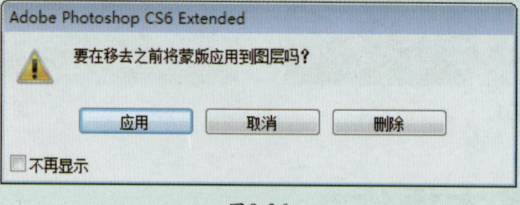

图9-36

9.2.2　编辑图层蒙版

图层蒙版几乎可以用所有的绘画工具进行编辑，如画笔、加深、减淡、模糊、锐化、涂抹等工具，因此在编辑蒙版时具有较大的灵活性。

画笔工具是编辑蒙版时最常用到的工具，当需要隐藏图像时，在"图层"面板中添加蒙版并选中蒙版，使用黑色画笔在蒙版上涂抹；需要显示图像时则使用白色画笔在蒙版上涂抹；需要显示当前图层与下面图层的融合效果时，则可以使用灰色或是半透明的黑色画笔在蒙版上涂抹。

9.2.3　图层蒙版的停用和启用

在图层蒙版存在的状态下，只能观察到未被蒙版隐藏的部分图像，因此不利于对图像进行编辑，可以使用"停用图层蒙版"和"启用图层蒙版"两个命令来实现一种交互界面，方便操作。

1. 停用图层蒙版

选择图层蒙版,单击鼠标右键,在弹出的快捷菜单中执行"停用图层蒙版"命令,此时在缩览图上会出现一个红色的"×"号(如图9-37所示)。也可以按住Shift键并单击蒙版缩览图,停止蒙版的使用。

2. 启用图层蒙版

若需要重新启用蒙版,单击鼠标右键,在弹出的快捷菜单中执行"启动图层蒙版"命令,在缩览图上的红色"×"号将会消失。

图9-37

> **提 示**
>
> 也可以通过按住Shift键单击蒙版缩览图的方法来停止或启用蒙版的使用。

【拓展实训】

拓展实训1：快速抠取人物图像

设计要领

(1) 单击工具箱中的"以快速蒙版模式编辑"按钮 ，进入快速蒙版。
(2) 使用画笔工具在视图中绘制，将背景铺满。
(3) 将绘制的内容转换为选区。
(4) 将人物复制并粘贴到图像中。

最终效果如图9-38和图9-39所示。本实训文件在"资料\素材文件\第9章"目录下。

图9-38　　　　　　　　　　　　图9-39

拓展实训2：制作特殊图像效果

设计要领

(1) 打开背景图像，随后再导入风景图像。
(2) 单击"图层"面板底部的"添加图层蒙版"按钮。
(3) 选择画笔工具并设置其形状（前景色为白色），在蒙版上绘制。
(4) 查看图像效果并保存。

最终效果如图9-40和图9-41所示。本实训文件在"资料\素材文件\第9章"目录下。

图9-40　　　　　　　　　　　　图9-41

第10章 个性文字设计

内容概要:

滤镜是Photoshop中功能最丰富、效果最奇特的工具之一。滤镜是通过不同的方式改变像素数据,以达到对图像进行抽象、艺术化的特殊处理效果。本章将对Photoshop CS6中所提供的滤镜进行详细介绍,包括使用方法、应用效果及操作技巧等。

课时安排:

理论教学3课时
上机实训6课时

知识要点:

- 滤镜的含义
- 滤镜的类型
- 特殊滤镜
- 常用内部滤镜
- 典型外部滤镜

知识要点:

中国的发展惠及世界,中国的发展离不开世界。要扎实推进高水平对外开放,既用好全球市场和资源发展自己,又推进世界共同发展。要高举和平、发展、合作、共赢旗帜,始终站在历史正确一边,践行真正的多边主义,践行全人类共同价值。

实训效果图:

【实训精讲】

豹纹文字效果设计

实训描述

本实训设计的是一款个性突出的字效,以中色调作为主色调,增加了画面的时尚氛围。该实例中的字体效果可用于网站、DM宣传单、时尚杂志等平面应用上。

实训文件

本实训素材文件和最终文件在"资料\素材文件\第10章"目录下,本实训的操作视频在"资料\操作视频\第10章"目录下。

实训详解

在该文字效果的设计过程中,首先制作出背景,然后通过滤镜命令的应用制作豹纹图像,最后将豹纹图像应用于文字。在运用滤镜命令时,如果没有充分的把握去调整图像,应创建观察图层,以方便图像调整。下面将对本实训的制作过程进行详细讲解。

STEP 01 执行"文件"→"新建"命令,在打开的"新建"对话框中进行设置,如图10-1所示,然后单击"确定"按钮,创建一个新文件。

STEP 02 新建图层,执行"滤镜"→"渲染"→"光照效果"命令,在打开的对话框中进行设置,创建环境光,如图10-2所示。

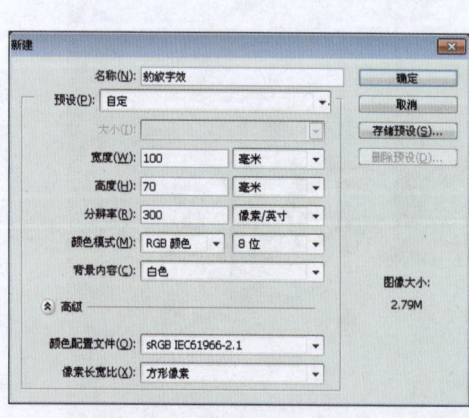

图10-1

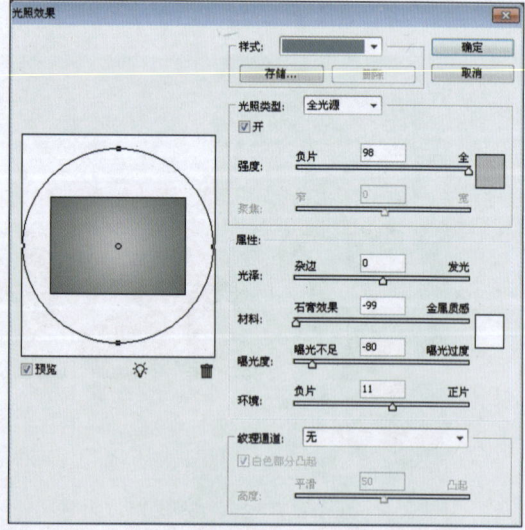

图10-2

STEP 03 单击"通道"面板底部的"创建新通道"按钮,创建一个通道,如图10-3所示,并按Ctrl+Alt组合键填充前景色为白色。

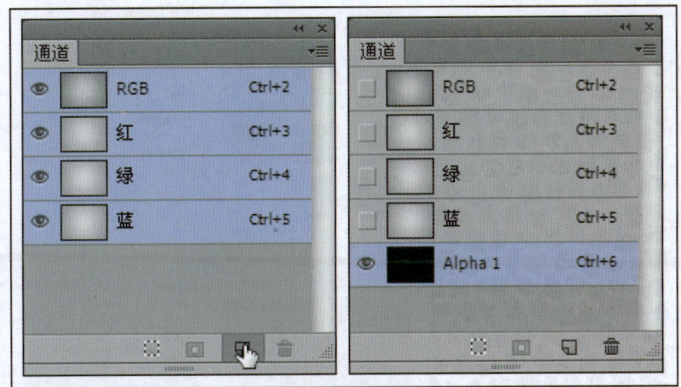

图 10-3

STEP 04 执行"滤镜"→"滤镜库"→"纹理"→"染色玻璃"命令,在打开的对话框中设置参数,如图10-4所示,单击"确定"按钮,创建纹理。

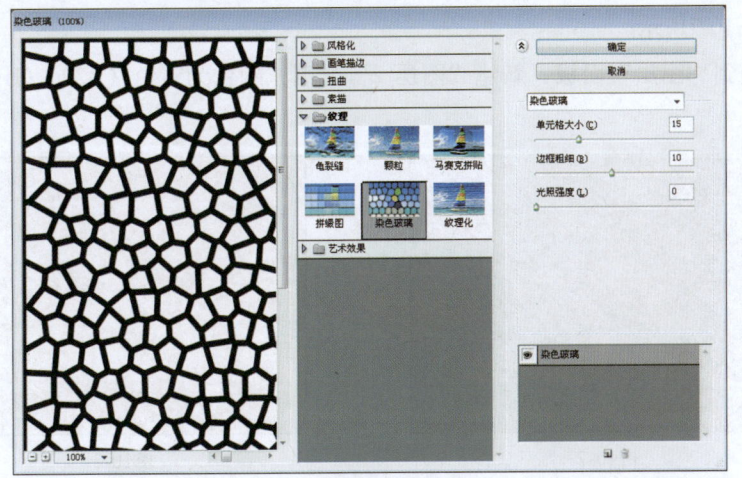

图 10-4

STEP 05 执行"图像"→"调整"→"反相"命令,调整图像的颜色,如图10-5所示。

图 10-5

STEP 06 执行"滤镜"→"滤镜库"→"画笔描边"→"喷溅"命令,在打开的"滤镜库"对话框中设置参数,如图10-6所示。然后单击"确定"按钮,美化纹理。

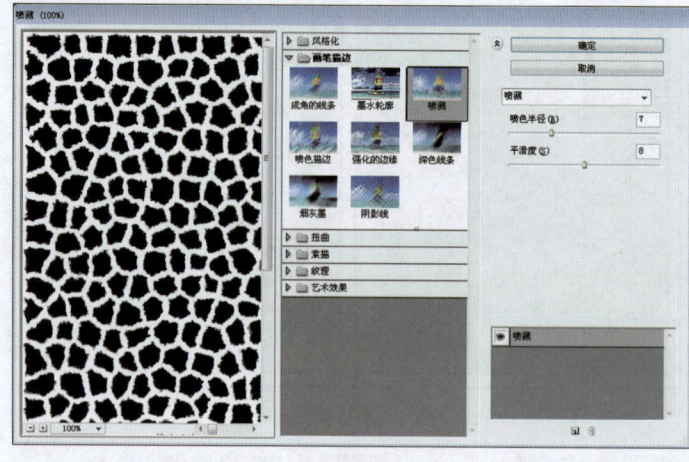

图10-6

STEP 07 按住Ctrl键并单击通道缩览图，创建选区。执行"选择"→"反向"命令，反转选区，效果如图10-7所示。

STEP 08 切换到"图层"面板，新建"图层 2"，填充颜色为黄色（R22、G142、B3），如图10-8所示。

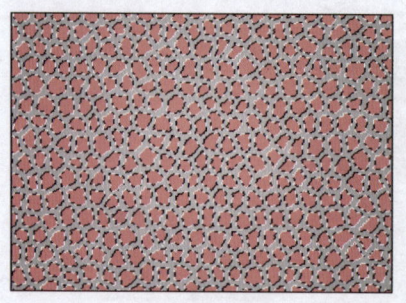   

图10-7   图10-8

STEP 09 双击"图层 2"图层名称的空白处，打开"图层样式"对话框，从中设置参数，如图10-9所示，然后单击"确定"按钮，为图像添加内发光效果。

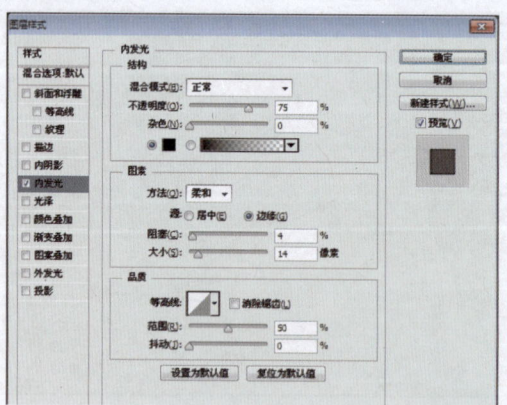

图10-9

STEP 10 新建"图层 3"，设置前景色为淡黄色（R235、G216、B151），设置背景色为（R112、G95、B22），然后填充前景色，如图10-10所示。

STEP 11 执行"滤镜"→"渲染"→"云彩"命令，制作云彩效果，如图10-11所示。

图10-10

图10-11

STEP 12 执行"滤镜"→"杂色"→"添加杂色"命令，在打开的"添加杂色"对话框中设置参数，如图10-12所示，然后单击"确定"按钮，为图像添加杂色。

STEP 13 执行"滤镜"→"锐化"→"USM锐化"命令，在打开的对话框中设置相应的参数，如图10-13所示，然后单击"确定"按钮，调整图像的锐化程度。

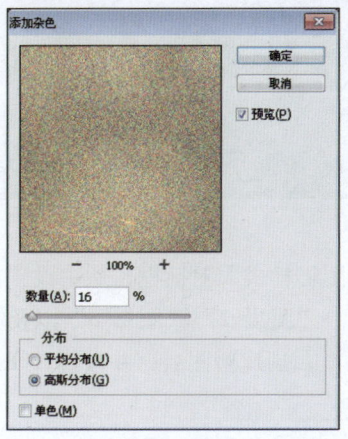
图10-12　　　　　　　　　图10-13

STEP 14 执行"滤镜"→"模糊"→"动感模糊"命令，在打开的"动感模糊"对话框中设置参数，如图10-14所示，然后单击"确定"按钮，创建毛发。

STEP 15 执行"图像"→"调整"→"照片滤镜"命令，打开"照片滤镜"对话框，参照图10-15设置参数，然后单击"确定"按钮，润色皮毛。

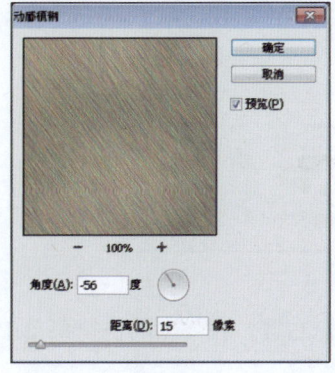
图10-14

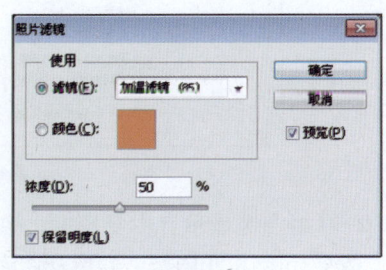
图10-15

STEP 16 接下来设置豹纹文字。调整"图层3"到"图层2"的下方，使用横排文字工具在视图中输入文字，如图10-16所示。

图10-16

STEP 17 将文字图像载入选区，然后按Ctrl+Shift+I组合键反选选区，如图10-17所示。

STEP 18 分别选中"图层2"和"图层3"，按Delete键删除选区中的图像，设置文字所在图层的图层内部不透明度为0%，效果如图10-18所示。

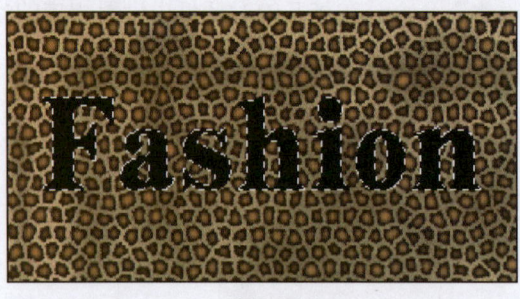

图10-17　　　　　　　　　　　　　　　图10-18

STEP 19 双击文字所在图层的图层缩览图，打开"图层样式"对话框，从中设置相应参数，如图10-19所示，为图像添加斜面和浮雕效果。选中"图层2""图层3"以及文字所在图层，将其拖至图层面板底部的"创建新图层"按钮上，创建新图层，并按Ctrl+E组合键合并图层。

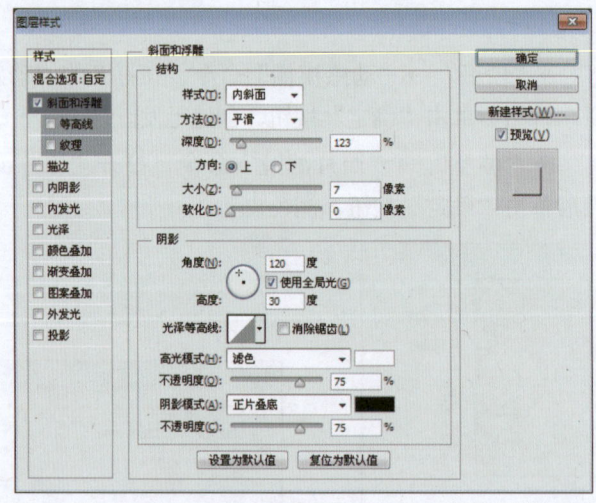

图10-19

STEP 20 按Ctrl+T组合键显示自由变换框，单击鼠标右键，在弹出的快捷菜单中执行"垂直翻转"命令，效果如图10-20所示，并移动图像。

第10章 个性文字设计

STEP 21 选择橡皮擦工具，设置笔触为柔边缘画笔，设置画笔大小为600px，擦除上一步骤创建的图像，效果如图10-21所示。

图10-20

图10-21

STEP 22 最后打开素材文件"珍珠.tif"，将其添加至正在编辑的文档中，复制并调整其大小和位置，完成本实例的制作。最终效果如图10-22所示。

图10-22

Ps 【从零起步】

10.1 认识滤镜

在Photoshop中，滤镜主要用于实现图像的各种特殊效果。该术语源于摄影领域，它是一种安装在摄影器材上的特殊镜头，能够模拟一些特殊的光照效果或带有装饰性的纹理效果。

10.1.1 什么是滤镜

"滤镜"是图像处理软件和视频处理软件所特有的，它的产生主要是为了适应复杂的图像处理的需求。滤镜是一种置入Photoshop的外挂功能模块，也可以说是一种开放式的程序，是众多图像处理软件进行图像特殊效果处理制作而设计的系统处理接口。

在Photoshop中，滤镜基本分为内阙滤镜、内置滤镜（即Photoshop自带的滤镜）和外挂滤镜（即第三方滤镜）三种。

> **提示**
>
> 外部滤镜也叫外挂滤镜，是由第三方开发的Photoshop外挂滤镜，主要有KPT Power Tools滤镜、Black Box系列滤镜、Eye Candy系列滤镜等。
> （1）KPT Power Tools滤镜，是一组非常有特色的滤镜，包括清晰平衡、光晕、材质、扭曲变形、纹理填充、波纹等效果，另外还包括二维、三维效果。
> （2）Black Box系列滤镜和Eye Candy系列滤镜，是由Alien Skin Software公司设计的，包括几十种特效滤镜，常用于制作3D特殊效果。

10.1.2 特殊滤镜

下面将对滤镜的相关知识进行展开介绍。

1."滤镜库"滤镜

"滤镜库"以缩览图的形式，列出了"风格化""画笔描边""扭曲""素描""纹理"和"艺术效果"等滤镜组中的一些常用滤镜。在实际操作过程中，可以为当前图像应用单个滤镜多次，也可以同时应用多个滤镜。

执行"滤镜"→"滤镜库"命令，可打开滤镜库对话框。在滤镜库对话框中滤镜属性面板的左部分为滤镜的预览区域，可以通过缩放调节预览的大小；面板中部为滤镜工具集，在每个滤镜菜单中都有缩略图，可方便直接地观察到每个滤镜应用后的效果；面板右部为选择各个滤镜后的属性设置面板，可以通过设置里面的参数更改滤镜效果，如图10-23所示。

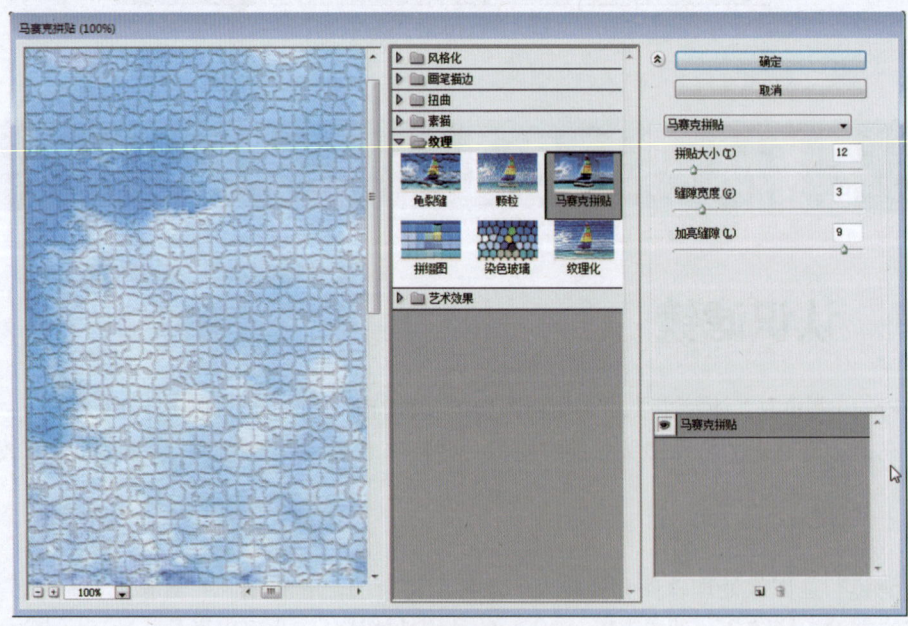

图10-23

2. 自适应广角滤镜

自适应广角滤镜是Photoshop CS6中新增的一项功能。使用该滤镜可以校正由于使用广角镜头而造成的镜头扭曲。用户可以快速拉直在全景图或采用鱼眼镜头和广角镜头拍摄的照片中看起来弯曲的线条，如建筑物在使用广角镜头拍摄时会看起来向内倾斜。

执行"滤镜"→"自适应广角"命令，打开"自适应广角"对话框，如图10-24所示。

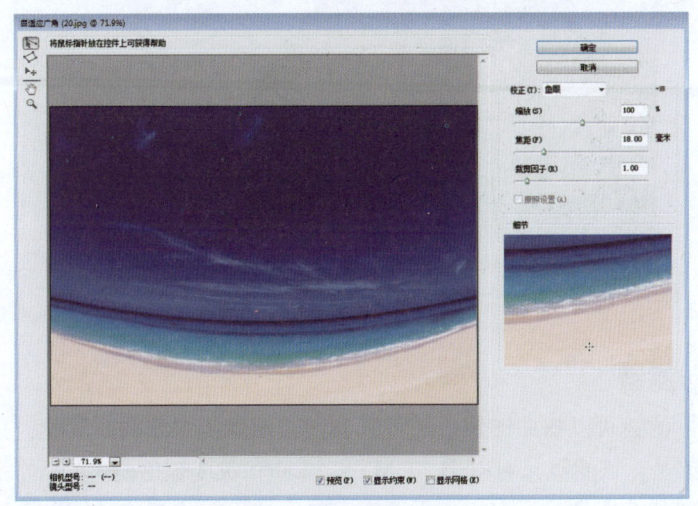

图10-24

其中，左侧工具箱中包括五种应用工具，下面将具体介绍这些工具的具体作用。

- 约束工具：使用该工具单击图像或拖动端点，可添加或编辑约束。按住Shift键单击可添加水平或垂直约束，按住Alt键单击可删除约束。
- 多边形约束工具：使用该工具单击图像或拖动端点，可添加或编辑多边形约束。单击初始起点可结束约束，按住Alt键单击可删除约束。
- 移动工具：使用该工具拖动鼠标，可以在画布中移动内容。
- 抓手工具：放大图像的显示比例后，可使用该工具移动图像，以观察图像的不同区域。
- 缩放工具：使用该工具在预览区域中单击，可放大图像的显示比例；按住Alt键在该区域中单击，则会缩小图像的显示比例。

3. "镜头校正"滤镜

"镜头校正"滤镜是对各种相机与镜头的测量自动校正，可更轻易地消除桶状和枕状变型、相片周边暗角，以及造成边缘出现彩色光晕的色像差。执行"滤镜"→"镜头校正"命令，打开如图10-25所示的对话框，通过"自动校正"选项卡可自动校正拍摄过程中图像产生的镜头缺陷。

"镜头校正"对话框中部分工具的主要作用是：使用移动扭曲工具可校正图像拍摄过程中

提示

产生的桶形失真和枕形失真；使用拉直工具可校正倾斜的图像；使用移动网格工具移动网格可使其与图像对齐。

图10-25

4. "液化"滤镜

使用"液化"滤镜可以扭曲图像,还可以非常方便地制作漩涡、湍流、褶皱以及收缩等效果。需要注意的是,该滤镜只对RGB、CMYK、Lab和灰度颜色模式的8位图像有效。

在使用该滤镜扭曲图像时,对于不需要变形的区域可以将其冻结,以免被更改;也可以"解冻"已冻结的区域,使它们可以被重新编辑;还可以使用多种重建模式全部或部分反向扭曲或扩展扭曲,或在新区域中重做扭曲。

执行"滤镜"→"液化"命令,打开"液化"对话框,如图10-26所示。

图10-26

关于面板左侧的工具说明如下。

- 向前变形工具:按住鼠标左键在图像中拖动,图像沿鼠标拖动方向发生变形。
- 重建工具:用来恢复图像。
- 顺时针旋转扭曲工具:单击图像要进行旋转扭曲的部分,转到所需要的图像效果时松开鼠标即可。若在旋转时按住Alt键,可使图像逆时针旋转。
- 褶皱工具:使图像产生一种从外到内压缩的效果。

- 膨胀工具：使图像产生一种从内到外膨胀的效果。
- 左推工具：垂直向上（或向下）拖动鼠标时，像素向左（或向右）移动；水平向左（或向右）拖动鼠标时，像素向下（或向上）移动。
- 冻结蒙版工具：若要对图像某一区域进行操作，同时又不希望影响其他区域，可以使用该工具在图像上绘制出冻结区域。
- 解冻蒙版工具：在冻结区域涂抹可以解除冻结。

5."消失点"滤镜

"消失点"滤镜能够在保证图像透视角度不变的前提下，对图像进行绘制、仿制、复制或粘贴以及变换等操作。操作会自动应用透视原理，按照透视的角度和比例来自适应图像的修改，从而大大节约精确设计和修饰照片所需的时间。

执行"滤镜"→"消失点"命令，打开"消失点"对话框，如图10-27所示。

图10-27

在该对话框左侧的工具箱中包含10种应用工具，下面将对主要工具进行详细介绍。

- 编辑平面工具：选择该按钮，可以选择、编辑、移动平面和调整平面大小。
- 创建平面工具：选择该按钮，单击图像中透视平面或对象的四个角，可创建平面，还可以从现有的平面伸展节点拖出垂直平面。
- 选框工具：选择该按钮，在平面中单击并移动，可选择该平面上的区域，按住Alt键拖移选区，可将区域复制到新目标；按住Ctrl键拖移选区，可用源图像填充该区域。
- 图章工具：选择该按钮，在平面中按住Alt键单击，可为仿制设置源点，然后单击并拖动鼠标来绘画或仿制。按住Shift键单击，可将描边扩展到上一次单击处。
- 画笔工具：选择该按钮，在平面中单击并拖动鼠标可进行绘画。按住Shift键单击，可将描边扩展到上一次单击处。选择"修复明亮度"可将绘画调整为适应阴影或纹理。
- 变换工具：选择该按钮，可以缩放、旋转和翻转当前浮动选区。
- 吸管工具：选择用于绘画的颜色。
- 测量工具：用于测量两点之间的距离。

10.2 内部滤镜

充分利用Photoshop内部滤镜的各种功能,有助于设计出更加完美的平面作品,下面将详细介绍这些滤镜及其使用方法。

10.2.1 "风格化"滤镜

"风格化"滤镜用于通过置换图像像素并增加其对比度,在选区中产生印象派绘画以及其他风格化的效果。

1. 查找边缘

"查找边缘"滤镜用于表示图像中有明显过渡的区域并强调边缘,即:将高反差区变亮,低反差区变暗,其他则介于两者之间,硬边变为线条,柔边变粗,形成一个厚实的轮廓。应用该滤镜前后的效果分别如图10-28和图10-29所示。

图10-28　　　　　　　　　　图10-29

2. 等高线

"等高线"滤镜用于查找主要亮度区域的过渡,并用细线勾勒每个颜色通道,从而得到主要亮度区域的轮廓。在如图10-30所示的"等高线"对话框中,利用"色阶"选项可以设置对画面进行勾画的颜色亮度级;"边缘"选项用于设置线条显示的方法,选择"较低"选项将勾画图像中较暗的区域,而选择"较高"选项则勾画较亮的区域。应用等高线滤镜前后的效果分别如图10-31和图10-32所示。

图10-30　　　　　　图10-31　　　　　　图10-32

3. 风

"风"滤镜通过在图像中增加一些细小的水平线生成风吹的效果,其中包括"风""大风"和"飓风"3种方法。在如图10-33所示的"风"对话框中,可以设置风的大小与方向。应用该滤镜前后的效果分别如图10-34和图10-35所示。

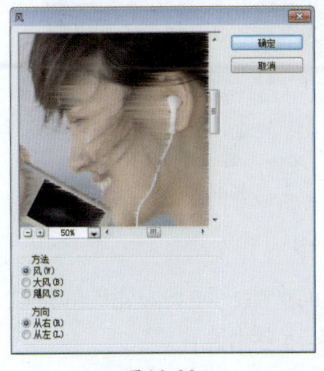  

图10-33　　　　　　　　图10-34　　　　　　　　图10-35

4. 浮雕效果

"浮雕效果"滤镜通过将选区的填充色转换为灰色,并用原填充色描画边缘,从而使图像显得凸起或凹陷。在如图10-36所示的"浮雕效果"对话框中,可以对各个选项进行设置。其中,"角度"选项用于设置光照的角度;"高度"用于设置图像凸起的程度;"数量"决定原图像细节和颜色的保留程度,该值越大,图像的边缘越明显。应用该滤镜前后的效果分别如图10-37和图10-38所示。

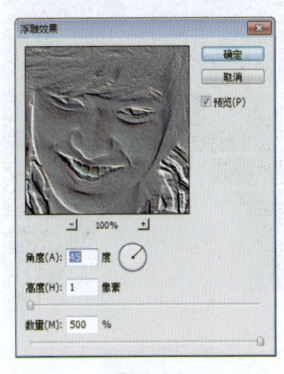  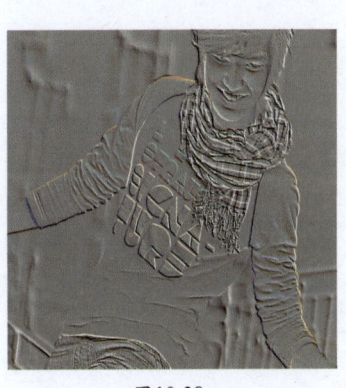

图10-36　　　　　　　　图10-37　　　　　　　　图10-38

5. 扩散

"扩散"滤镜可使像素按规定的方式随机移动,形成一种透过磨砂玻璃观察图像的分离模糊效果。该滤镜对话框包括"正常""变暗优先""变亮优先"和"各向异性"四种模式,如图10-39所示。应用该滤镜前后的效果分别如图10-40和图10-41所示。

 提示

若选择"正常"选项,则使扩散效果对整幅图像起作用;若选择"变暗优先"选项,则扩散效果在图像较暗区域中起的作用较明显;若选择"变亮优先"选项,则扩散效果在图像较亮区域中起的作用较明显;若选择"各向异性"选项,将柔和地表现图像。

图10-39　　　　　　　　　图10-40　　　　　　　　　图10-41

6. 拼贴

"拼贴"滤镜的使用可以使所选区域的图像拆分成多块，从而产生一种类似瓷砖的拼贴效果。其中，各拼贴块之间会产生一定的空隙，空隙中的图像内容可自由设置。

在如图10-42所示的"拼贴"对话框中，"拼贴数"选项用于设置图像在高度上分割的数量；"最大位移"用于设置方块移动的位置最大距离是宽度的百分之几；"填充空白区域用"选项区域用于设置方块移动后空白区域图像填充的方法："背景色"选项将使用背景色填充空白区域；"前景色"选项则使用前景色填充空白区域；"反向图像"选项使用原图像的负像填充空白处；"未改变的图像"选项将以原图像填充空白处。应用该滤镜前后的效果分别如图10-43和图10-44所示。

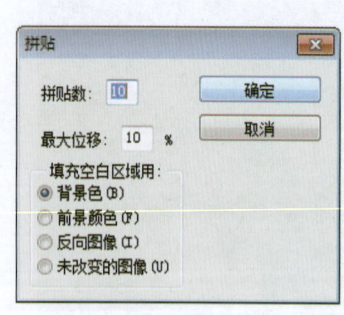

图10-42　　　　　　　　　图10-43　　　　　　　　　图10-44

7. 凸出

"凸出"滤镜可以使选区或图层产生一系列块状或3D纹理效果，即：将图像分成一系列大小相同但随机重叠放置的立方体。可以利用如图10-45所示对话框中的选项对凸出效果进行精确设置，应用该滤镜前后的效果分别如图10-46和图10-47所示。

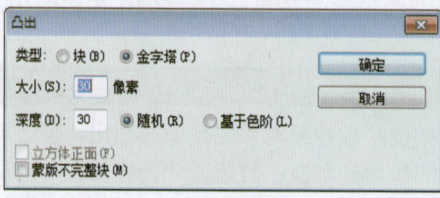

图10-45

图10-46　　　　　　　　　图10-47

> **提示**
>
> "凸出"滤镜对话框中各选项含义介绍如下。
> - 类型：设置生成立体图像的造型。选择"块"选项，将生成立方体造型；选择"金字塔"选项，生成的是锥体造型。
> - 大小：设置立体图像的大小。
> - 深度：设置立体图像的高度。选择"随机"选项，可以使每个立体图像的高度都发生变化；选择"基于色阶"选项，则只有图像较亮区域的立体造型较高。
> - 立方体正面：该选项只有生成立方体时才有效。该选项为每个方块的颜色填充该区域的平均色。
> - 蒙版不完整块：删除不完整的立体图像。

8. 照亮边缘

"照亮边缘"滤镜用于勾绘颜色的边缘，加强其过渡像素，产生轮廓发光的效果。在"照亮边缘"对话框中，"边缘宽度"选项用于设置边缘线条的宽度；"边缘亮度"选项用于设置边缘线条的亮度；"平滑度"值越大，表现出的线条越平滑。原图及应用该滤镜的预览效果分别如图10-48和图10-49所示。

图10-48

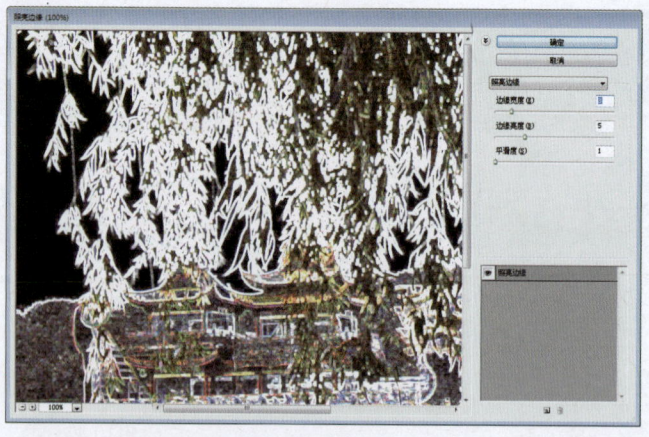

图10-49

> **提示**
>
> "曝光过度"滤镜主要用于混合负片和正片图像,与洗照片过程中加强曝光的效果相类似。需要说明的是,该滤镜没有提供可手动设置的参数。

10.2.2 "模糊"滤镜

"模糊"滤镜在图像中应用,可以使图像更加柔和,如边缘过于清晰或对比度过于强烈的图像等。下面将对主要的模糊滤镜进行介绍。

1. 表面模糊

"表面模糊"滤镜在保留边缘的同时模糊图像,此滤镜用于创建特殊效果并消除杂色或粒度。

执行"滤镜"→"模糊"→"表面模糊"命令,打开如图10-50所示的对话框。其中,"半径"选项用于指定模糊取样区域的大小;"阈值"选项用于控制相邻像素色调值与中心像素色调值相差多大时才能成为模糊的一部分,色调值差小于阈值的像素不会被模糊。

2. 动感模糊

"动感模糊"滤镜是从某一方向上对图像像素进行模糊处理,从而产生高速运动的模糊效果。在该滤镜对话框中(如图10-51所示),"角度"参数用于设置运动的方向,"距离"参数用于设置模糊的强度(范围为1~2000)。

图10-50

图10-51

3. 方框模糊

"方框模糊"滤镜基于相邻像素的平均颜色值来模糊图像。"方框模糊"对话框（如图10-52所示）中的调节"半径"选项用于计算给定像素平均值的区域大小，其值越大，产生的模糊效果越好。

4. 高斯模糊

"高斯模糊"滤镜是最常用的滤镜之一，它是利用高斯曲线的分布模式，有选择地模糊图像，以产生朦胧的效果。在"高斯模糊"对话框中（如图10-53所示），"半径"选项用于控制图像的模糊程度。

图10-52

图10-53

> **提示**
>
> "模糊"滤镜可使图像产生一些轻微的模糊效果，使图像变得柔和。它的模糊效果是固定的，可以用来消除杂色。而"进一步模糊"滤镜的模糊程度大约是"模糊"滤镜的3～4倍，也是一个固定的模糊效果，没有选项控制。

5. 径向模糊

"径向模糊"滤镜用于模拟移动相机或旋转相机前后所产生的模糊，包括"旋转"和"缩放"两种模糊方法，分别用于产生旋转模糊效果和放射状模糊效果。在"径向模糊"对话框中（如图10-54所示），"数量"选项用于设置模糊的强度，值越大，模糊效果越强；"品质"选项则用于设置模糊质量。

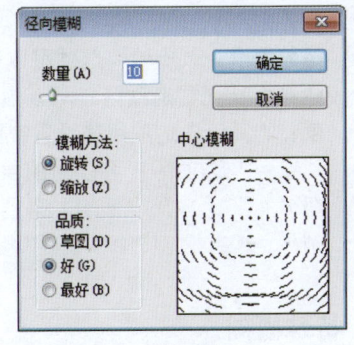

图10-54

> **提示**
>
> 应用径向模糊时，模糊效果质量越高，处理的速度就越慢。"旋转"模糊方法的效果类似于拍摄高速旋转物体的照片。

6. 镜头模糊

"镜头模糊"滤镜用于模拟各种镜头由于景深产生的模糊效果,即:图像中的某些区域模糊,而其他区域仍然清晰,如图10-55所示。

图10-55

> **提 示**
>
> 在"镜头模糊"对话框中,各选项的含义介绍如下。
> - "更快"选项:用于提高预览速度,但只能显示应用滤镜的大致效果。
> - "更加准确"选项:需要的更新时间较长,但可查看应用滤镜的最终效果。
> - "深度映射"选项区:可以设置模糊的区域。在"源"下拉列表中选择需要使用的源。"模糊焦距"选项用来设置图像模糊的区域。
> - "光圈"选项区:可以表现出类似虹膜的模糊效果。在"形状"选项内可以设置使用光圈的形状;在"半径"选项内设置模糊的程度;"叶片弯度"的值越大,光圈的边缘越圆滑;"旋转"选项可以调整光圈的角度。
> - "镜面高光"选项区:可以调整光的反射程度。"亮度"选项用来设置镜面高光的亮度;"阈值"选项用来设置镜面高光的范围。
> - "杂色"选项区:可以为图像添加杂点。"数量"值决定添加杂点的数量;选择"高斯分布"比选择"平均"得到的杂点效果更为随机;选择"单色"选项将添加灰色的杂点。

7. 特殊模糊

"特殊模糊"滤镜用于精确模糊图像,可以指定半径、阈值、模糊品质和模式,是唯一不模糊图像轮廓的模糊方式。在"特殊模糊"对话框中(如图10-56所示),"半径"值越大,应用模糊的像素越多;"阈值"用于设置应用在相似颜色上的模糊范围。

8. 形状模糊

"形状模糊"滤镜是指使用特定的形状来创建模糊。在"形状模糊"对话框(如图10-57

所示）中，"半径"选项用于调整应用形状的大小和图像的模糊程度，而在对话框的下方可以选择要使用的形状。

图10-56

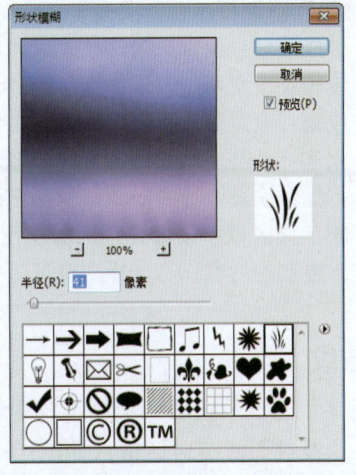

图10-57

> **提示**
>
> "平均"滤镜主要用于查找图像中某个选区或整幅图像的均衡颜色，然后使用这种颜色填充整幅图像或者整个选区。该滤镜没有对话框，直接执行该命令，即可得到模糊效果。

10.2.3 "扭曲"滤镜

"扭曲"滤镜是将图像进行几何扭曲，创建3D图像或其他扭曲变形效果。

1. 波浪

"波浪"滤镜使图像产生强烈波纹起伏的效果。执行"滤镜"→"扭曲"→"波浪"命令，打开如图10-58所示的"波浪"对话框，从中可以进行自定义设置。

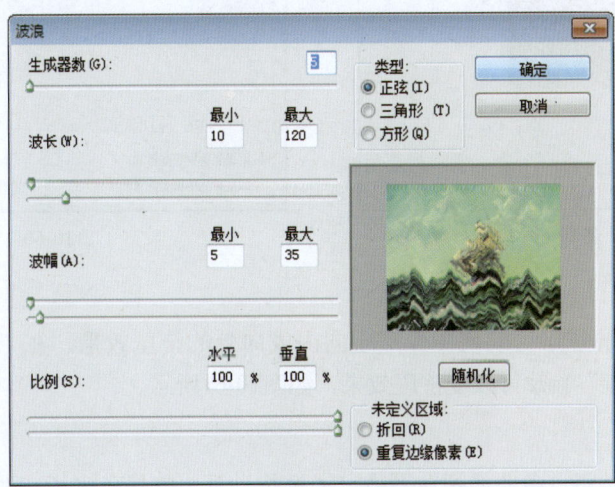

图10-58

> **提　示**
>
> "波浪"对话框中各选项的含义介绍如下。
> - 生成器数：设置产生波纹效果的震源总数，其范围是1～999。
> - 波长：设置两个波峰的水平距离，其中最小波长不能超过最大波长。
> - 波幅：设置最大和最小波幅，其中最小波幅不能超过最大波幅。
> - 比例：控制水平和垂直方向的波动幅度。
> - 类型：设置波浪的形状，包括正弦、三角形和方形三种。
> - 未定义区域：设置处理图像中出现的空白区域。若选择"折回"，则可在空白区域填入溢出的内容；若选择"重复边缘像素"，则可填入扭曲边缘像素的颜色。

2．波纹

"波纹"滤镜是在选区上创建波状起伏的图案，像水池表面的皱纹。若要进一步进行控制，可在"波纹"滤镜对话框（如图10-59所示）中对波纹的数量和大小进行设置。和波浪相似，同样产生波纹起伏和效果，但效果较为柔和。

3．极坐标

打开如图10-60所示的对话框，从中可以看到"极坐标"滤镜有两个参数：一是"平面坐标转换成极坐标"，二是"极坐标转换成平面坐标"。

应用极坐标滤镜可以将图形中假设的平面坐标转换成为极坐标，或将假设的极坐标转换为平面坐标。其中，前者是把矩形的上边往里压缩，下边向外延伸，最后上边的区域形成圆心部分，下边变成圆周部分，从而使图形畸形失真。

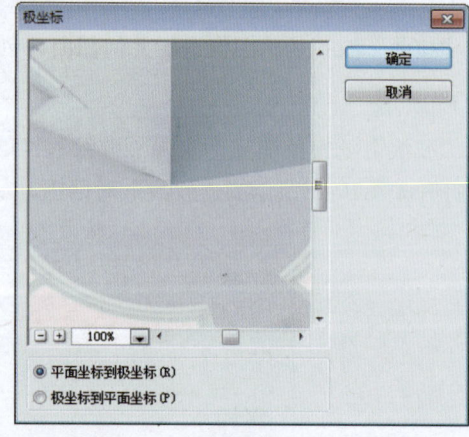

图10-59　　　　　　　　　　　图10-60

4．挤压

"挤压"滤镜的应用可以使图像产生向内或向外的挤压效果。在"挤压"滤镜对话框中，通过改变"数量"参数可改变挤压效果，如图10-61所示。

5．切变

"切变"滤镜是沿一条曲线扭曲图像，通过拖动框中的线条来指定曲线，形成一条扭曲曲线，可以调整曲线上的任何一点，如图10-62所示。

图10-61

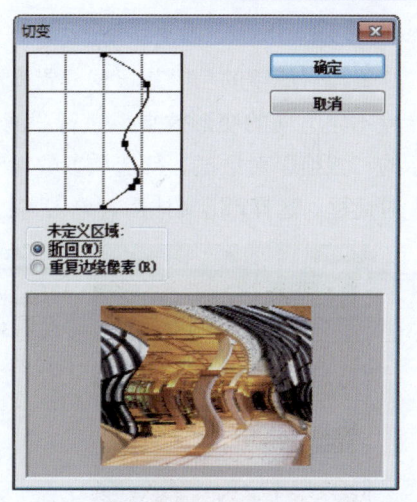

图10-62

6. 球面化

"球面化"滤镜通过将选区折成球形、扭曲图像以及伸展图像以适合选中的曲线，从而使对象具有3D效果。在"球面化"对话框中（如图10-63所示），"数量"选项用来设置挤压程度；"模式"控制挤压方式，包括"正常""水平优先"和"垂直优先"三种模式。

7. 水波

"水波"滤镜可用于模拟水面上荡起的涟漪效果。在"水波"对话框中（如图10-64所示），"数量"选项用于设置波纹的大小，其范围是－100～100；"起伏"选项用于设置波纹的数量，其范围是0～20；"样式"选项用于设置波纹产生的方式，包括"水池波纹""围绕中心"和"从中心向外"三种样式。

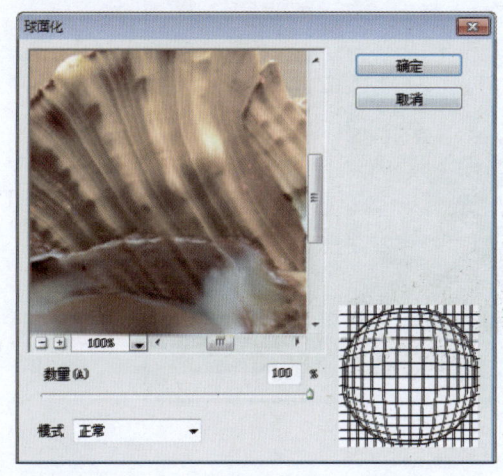

图10-63

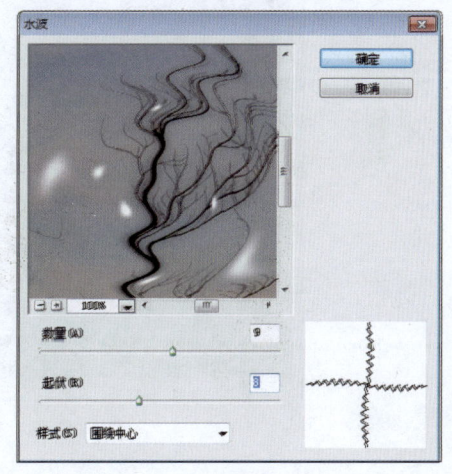

图10-64

8. 旋转扭曲

"旋转扭曲"滤镜可使图像产生螺旋效果，其中心是选区或整个图像的中心，并且中心的旋转程度比边缘的旋转程度大。在"旋转扭曲"对话框中（如图10-65所示），"角度"选项的值为正时，图像顺时针扭曲；值为负时，图像逆时针扭曲。

9. 置换

"置换"滤镜的功能是根据"置换图"中像素的不同色调值对图像进行变形，从而使图像产生不定方向的变形效果。执行"滤镜"→"扭曲"→"置换"命令，将打开如图10-66所示的"置换"对话框。待选项参数设置完成后，单击"确定"按钮，弹出"选取一个置换图"对话框，选择PSD文件后，单击"打开"按钮即可。

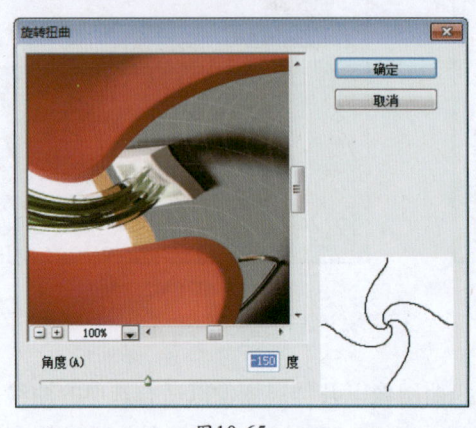

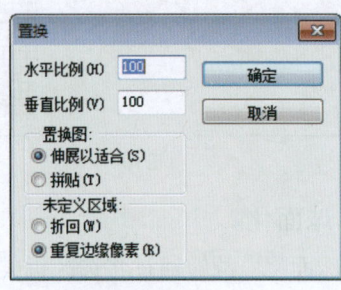

图10-65　　　　　　　　　　　图10-66

10. 玻璃

"玻璃"滤镜将使一幅图像产生通过不同的玻璃看到的效果。执行"滤镜"→"滤镜库"命令，在打开的对话框中可选择扭曲组中的"玻璃"滤镜，然后可通过右侧的面板进行必要的设置，如图10-67所示。

图10-67

提示

"玻璃"对话框中各选项参数含义分别为："扭曲度"用于控制变形程度；"平滑度"用于控制图像边缘的平滑度；"纹理"用于扭曲变形的纹理形状；比例缩放即指以上各种纹理的缩放比例；"反相"表示使凸出的纹理变为凹的纹理。在预览区即可看到图像应用"玻璃"滤镜的效果。

11. 海洋波纹

"海洋波纹"滤镜会使图像上产生一层水波纹,好像透过水面看这幅图像一样的感觉。其对话框中各选项参数的含义为:"波纹大小"值越大,图像的波动量越大;"波纹幅度"值越大,波纹的数量逐渐增大,图形变增强。应用海洋波纹滤镜的预览效果如图10-68所示。

图10-68

12. 扩散亮光

"扩散亮光"滤镜可用于制造一种光芒漫射的效果,其颜色由工具箱中的背景色决定,强度随着远离亮调中心而减弱,可以在图像中加入白色的光芒,形成光芒四射的逼视效果。应用扩散亮光滤镜的预览效果如图10-69所示。

图10-69

> **提示**
>
> "扩散亮光"滤镜的选项参数含义为:"粒度"值越大,颗粒越大;"发光量"值越大,光芒越强;"清除数量"值越大,图像越清晰。

10.2.4 "锐化"滤镜

"锐化"滤镜主要通过增强相邻像素间的对比度来减弱或消除图像的模糊现象,以得到清晰的效果,可用于处理因摄影及扫描图片等原因所造成的模糊现象。

1. USM锐化

"USM锐化"滤镜通过增加图像边缘的对比度来锐化图像,它不检测图像的边缘,而是按照指定的阈值,找到值与周围像素不同的像素,并按指定的量增强邻近像素的对比度。因此,对于邻近像素,较亮的像素将变得更亮,而较暗的像素将变得更暗。

在"USM锐化"对话框中(如图10-70所示),"数量"选项用于调整锐化的程度,值越大,锐化越明显;"半径"选项用于设置像素的平均范围;"阈值"用于设置应用在平均颜色上的范围。

图10-70

> **提示**
>
> "锐化"滤镜可以增加相邻像素间的对比度,使图像更加清晰。该滤镜锐化的程度很轻微,如果要得到较为明显的锐化效果,可以使用"进一步锐化"滤镜。"进一步锐化"滤镜可以产生强烈的锐化效果,使图像更加清晰,其锐化程度比"锐化"滤镜强。这两个滤镜均没有对话框,直接执行命令即可得到效果。

2. 锐化边缘

"锐化边缘"滤镜只是对图像的轮廓进行锐化,使不同颜色之间分界明显,即:在颜色变化较大的色块边缘锐化,这样不仅可以得到较清晰的效果,又能保持图像整体的平滑度。该滤镜也没有对话框,直接执行该命令即可。

3. 智能锐化

"智能锐化"滤镜可以设置锐化算法,以获得更好的边缘检测并减少锐化晕圈,或是控制阴影和高光区域的锐化程度。在如图10-71所示的对话框中可进行自定义设置。

图10-71

> **提 示**
>
> 在"智能锐化"对话框中,各选项含义的介绍如下。
> - "数量"选项:用于设置锐化量,设置较大值时会增强边缘像素之间的对比度,从而看起来更加锐利。
> - "半径"选项:用于确定边缘像素周围受锐化影响的像素数量,该值越大,受影响的边缘就越宽,锐化效果也就越明显。
> - "移去"选项:用于设置对图像进行锐化的锐化算法。
> - "更加准确"复选框:用于更精确地移去模糊,但处理文件时间会更长。
> - "高级"选项卡:可将"阴影"选项组和"高光"选项组显示。其中,"渐隐量"选项调整阴影区域中的锐化的程度;"阴影"选项设置阴影色调的范围;"半径"选项设置"阴影"选项影响的范围。
> - 其他按钮:单击"设置"右侧的"存储当前设置的拷贝"按钮,可以将当前的设置存储;单击"删除当前设置"按钮,可以将存储的设置删除。

10.2.5 "视频"滤镜

"视频"滤镜属于Photoshop的外部接口程序,主要用于将色域限制为电视画面可以重现的颜色范围。该滤镜组包括"NTSC颜色"和"逐行"两种滤镜。这两种滤镜都可用于制作视频中静止图像的帧。

1. NTSC颜色

该滤镜用于调整图像色域,使之符合NTSC(国际电视标准委员会)视频标准。这是因为计算机屏幕上显示的RGB图像是不能直接在电视上显示的,而使用"NTSC颜色"滤镜可以限制色域,使图像成为电视可接收的颜色。

2. 逐行

该滤镜可以消除视频图像中的奇数或偶数行,从而使图像变得更加平滑。在"逐行"滤镜对话框(如图10-72所示)中,"消除"选项组中的选项用于选择删除图像中的奇数还是偶数隔行线,"创建新场方式"选项组中的选项则用于设置删除后空白区域的填充方式。

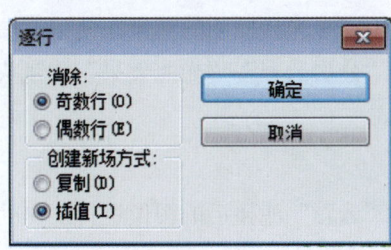

图10-72

10.2.6 "像素化"滤镜

"像素化"滤镜是通过使单元格中颜色值相近的像素结成色块的方法,得到像素化的图像效果。该滤镜组中包含"彩块化""彩色半调""点状化""晶格化""马赛克""碎片"和"铜板雕刻"七种滤镜效果。"像素化"滤镜组的应用效果如表10-1所示。

表10-1

序号	滤镜名称	选项设置
01	彩块化	该滤镜的应用可使纯色或相近颜色的像素结块成为像素块,以使图像看起来为手绘效果。该滤镜没有对话框,执行命令即可应用其效果
02	彩色半调	该滤镜的应用可模拟在图像的每个通道上使用放大的半调网屏的效果。对于每个通道,滤镜将图像划分成小矩形,并用圆形替换每个矩形。圆形的大小与矩形的亮度成正比例
03	点状化	该滤镜的应用可使图像中的颜色分解为随机分布的网点,与点状化绘画一样,并使用背景色作为网点之间的画布区域。其中,"单元格大小"选项用于控制像素结块的大小
04	晶格化	该滤镜的应用可使像素结块形成多边形纯色。"单元格"选项用于调节像素结块的大小,其取值为3~300
05	马赛克	该滤镜用于模拟马赛克拼贴的效果,是根据图像的变化使用某种颜色,而不是图像本身填充每一个拼贴块,这是与"纹理"滤镜组中的"马赛克拼贴"滤镜所不同的
06	碎片	该滤镜的使用可使所建选区或整幅图像复制四个副本,并将其均匀分布、相互偏移,以得到重影效果。该滤镜没有对话框,执行命令后即可应用
07	铜版雕刻	该滤镜的使用可在图像中随机产生各种不规则直线、曲线和虫孔斑点,以模拟时间已久的金属效果。若当前图像为灰度图,则得到的是黑白图像;若是彩色图像,则先分别对每个彩色通道进行处理,再进行合成,在处理过程中各通道都应用灰度图,所以图像色彩效果降低

10.2.7 "渲染"滤镜

"渲染"滤镜能够在图像中产生光线照明的效果。使用"渲染"滤镜,还可以制作云彩效果。"渲染"滤镜组提供了"分层云彩""光照效果""镜头光晕""纤维"和"云彩"五种滤镜,下面分别进行介绍。

1. 分层云彩

"分层云彩"滤镜将应用"云彩"滤镜后的图像进行反白处理。该滤镜没有对话框,直接执行该命令,即可得到该滤镜的效果。

2. 镜头光晕

"镜头光晕"滤镜可以模拟亮光照在摄像机镜头上产生的反射效果。该滤镜对话框中(如图10-73所示)的"亮度"参数用于设置光线的亮度,取值范围为10%~300%;"光晕中心"选项区用于调整光晕中心的位置,用鼠标拖动预览框中的十字光标,即可改变光晕的位置;"镜头类型"选项区用于设置摄像机镜头的类型。

3. 纤维

"纤维"滤镜使用前景色和背景色创建机织纤维效果，设置不同颜色的前景色/背景色可得到不同颜色的纤维。在应用该滤镜效果时，可以在"纤维"对话框中进行自定义设置，如图10-74所示。

图10-73

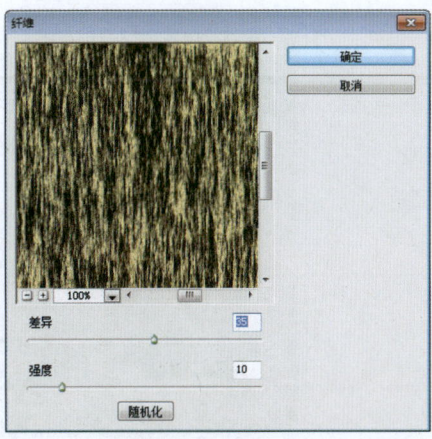
图10-74

> **提示**
>
> "纤维"对话框中各选项的含义介绍如下。
> - "差异"选项用于调整前景色和背景色的对比度，值越小，产生的纹理长度越长，而较大的值会产生非常短且颜色分布变化更多的纤维。
> - "强度"选项用于调整纤维纹理的外观，值越大，纤维纹理越细。
> - 若单击"随机化"按钮，则将随机设置纤维图案。

4. 云彩

"云彩"滤镜利用前景色和背景色之间的随机像素将图像转换为柔和的云彩效果。该滤镜没有对话框，直接执行该命令，即可得到相应的效果。

> **提示**
>
> "光照效果"滤镜可以模拟不同的灯光，使图像产生光照效果，通过对光源、光色、聚焦、物体反射特性等参数的设定来实现三维绘图的效果。

10.2.8 "杂色"滤镜

"杂色"滤镜组中包括五种滤镜，用于为图像增加杂点，产生色彩漫散的效果，也可用于去除图像中的杂点，如通过扫描输入的图像的斑点和折痕。下面将分别介绍各种滤镜产生的不同效果。

1. 减少杂色

图像杂色显示为随机的无关像素，这些像素不是图像细节的一部分。扫描的图像可能有由扫描传感器导致的图像杂色。在数码相机上用很高的ISO设置拍照、曝光不足，或者用较慢的快门速度在黑暗区域中拍照，也可能会导致出现杂色。

该滤镜用于减少数字图像的杂色、JPEG不自然感以及扫描的胶片颗粒，其对话框如图10-75所示。

图10-75

> **提 示**
>
> 图像杂色可能会以两种形式出现：一是亮度（灰度）杂色，这些杂色使图像看起来斑斑点点；二是颜色杂色，这些杂色通常看起来像是图像中的彩色伪像。亮度杂色在图像的某个通道（通常是蓝色通道）中可能更加明显。

2. 去斑

"去斑"滤镜检测图像的边缘（发生显著颜色变化的区域）并模糊去除那些边缘外的所有图像。这种模糊可移去杂色，同时保留细节。该滤镜去除细小、轻微的杂点的效果非常有效，如扫描照片的网点，可使用该滤镜快速去除。若要去除较粗的杂点，则不适宜使用该滤镜。

该命令无对话框，不能进行参数控制。使用过一次该命令后，可按Ctrl+F组合键重复使用该滤镜，以达到预期效果。

3. 蒙尘与划痕

"蒙尘与划痕"滤镜是通过更改相异的像素减少杂色。为了在锐化图像和隐藏瑕疵之间取得平衡，可尝试半径与阈值设置的各种组合，或者在图像的选区中应用此滤镜。执行"滤镜"→"杂色"→"蒙尘与划痕"命令，打开如图10-76所示的对话框。

图10-76

第10章 个性文字设计

> **提示**
> 在"蒙尘与划痕"对话框中,"半径"用来设置以多大半径的缺陷来融合图像,值越大则模糊程度越强;"阈值"可决定正常像素与杂色之间的差异,值越大,去除杂点的效果越弱。

4. 添加杂色

"添加杂色"滤镜将随机像素应用于图像,模拟在高速胶片上拍照的效果。"添加杂色"滤镜也可用于减少羽化选区或渐变填充中的色带,或者使经过重大修饰的区域看起来更真实。

执行"滤镜"→"杂色"→"添加杂色"命令,打开如图10-77所示的对话框。在该滤镜对话框中,"平均分布"选项使用随机数值(0加上或减去指定值)分布杂色的颜色值以获得精致效果;"高斯分布"选项使用沿一条钟形曲线分布杂色的颜色值,获得如斑点般散布的效果;"单色"复选框将此滤镜只应用于图像中的色调元素,而不改变颜色。

5. 中间值

该滤镜通过混合选区中像素的亮度来减少图像的杂色,在消除或减少图像的动感效果时非常有用。在"中间值"对话框中(如图10-78所示),只有一个"半径"参数,其值越大,效果越明显。

图10-77

图10-78

10.2.9 "其它"滤镜

Photoshop CS6提供了一些具有特殊效果的滤镜,如"高反差保留""位移""自定""最大值"以及"最小值"。

1. 高反差保留

该滤镜在有强烈颜色转变发生的地方按指定的半径保留边缘细节,并隐藏图像的其他部分。"高反差保留"对话框中的"半径"选项,用于设置保留边缘的范围,如图10-79所示。使用此滤镜将移去图像中的低频细节,其效果与"高斯模糊"滤镜相反。

2. 位移

使用该滤镜会将整个图像或选区移动指定的水平或垂直距离，可以用背景色、图像的另一部分填充这块区域。如果选区靠近图像边缘，也可以直接使用边缘像素进行填充。在"位移"对话框中，可根据需要进行设置，如图10-80所示。

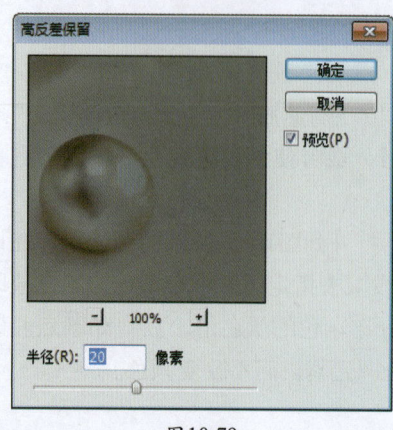

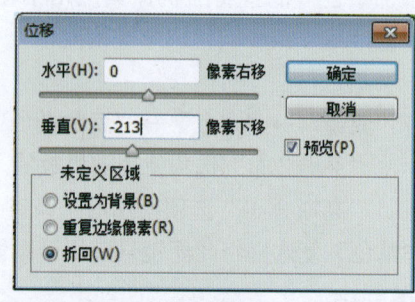

图10-79　　　　　　　　　　　图10-80

提示

"水平"选项用于横向移动图像；"垂直"选项则用于纵向移动图像；"未定义区域"用于设置空白区域的表现方式。

3. 自定

"自定"滤镜可以创建自定义滤镜，如创建清晰化、模糊及浮雕等效果的滤镜。它根据预定义的数学运算（称为卷积），更改图像中每个像素的亮度值。此操作与通道的加、减计算类似。该滤镜的对话框中有一个5×5的矩阵，中心数值表示加亮像素的倍数，其他值表示与该位置像素相乘的值，其取值范围为−999～999。在其中输入合适的值，便可以改变图像的整体色调。图10-81所示为该滤镜的对话框。

图10-81

提示

在"自定"对话框中，"缩放"选项用于去除计算中包含的像素的亮度总和，"位移"选项用于设置要与缩放计算结果相加的值。

4. 最大值与最小值

这两种滤镜对于修改蒙版非常有用。"最大值"滤镜可以收缩图像中的黑暗区域，放大明亮区域；"最小值"滤镜则相反，可以放大图像中的黑暗区域，缩小明亮区域。它们都只有"半径"参数，用于调整提亮区域的范围。

10.2.10 "画笔描边"滤镜

"画笔描边"滤镜是用于模拟不同的笔刷和油墨来为图像描边，从而产生一种涂抹的油墨画效果。该滤镜组包括"成角的线条""墨水轮廓""喷溅""喷色描边""强化的边缘""深色线条""烟灰墨"以及"阴影线"等。

"画笔描边"滤镜组的应用效果如表10-2所示。

表10-2

序号	滤镜名称	选项设置
01	成角的线条	用于模拟倾斜的笔刷效果，即使用两种角度的线条对图像进行修描。其中，一个方向的线条绘制图像的亮区，用相反方向的线条绘制暗区
02	墨水轮廓	采用钢笔画的风格，用纤细的线条在原细节上重绘图像，能使图像的边界部分产生类似用油墨勾绘轮廓的效果。该滤镜包含"描边长度""深色强度"和"光照强度"三个选项
03	喷溅	用于为图像添加一种类似于笔墨喷溅的艺术效果。该滤镜包括两个参数选项，其中，"喷色半径"用于设置笔墨喷溅的范围，"平滑度"用于设置图像喷射墨点的平滑程度
04	喷色描边	使用带有角度的喷色线条的主导色重绘图像，可以设置喷溅的长度、半径和方向。其中，描边方向包括水平、垂直、右对角线和左对角线四种
05	强化的边缘	用于强化勾勒图像的边缘。其中，可以设置"边缘宽度""边缘亮度"以及"平滑度"三个选项。若设置高的边缘亮度控制值时，则强化类似白色粉笔；若设置低的边缘亮度控制值时，则强化类似黑色油墨
06	深色线条	用短而绷紧的线条绘制图像中接近黑色的深色区域，用长而白的线条绘制图像中的浅色区域，从而在图像中加入较强的黑色阴影。该滤镜包含"平衡""黑色强度"和"白色强度"三个选项
07	烟灰墨	以日本画的风格绘制图像，与用蘸满黑色油墨的湿画笔在宣纸上绘画的效果相类似。该滤镜包含"描边宽度""描边压力"和"对比度"三个选项
08	阴影线	在保留原图像细节和特征的同时，使用模拟的铅笔阴影线添加纹理，以及粗糙化图像的效果。该滤镜包含"描边长度""锐化程度"和"强度"三个选项，其中，"强度"参数用于控制交叉网线的力度感

10.2.11 "素描"滤镜

"素描"滤镜的使用可以为图像增加纹理，模拟素描、速写等艺术效果，也可以在图像中加入底纹而产生三维效果。需要注意的是，大多数素描滤镜在重绘图像时要应用前景色和背景色，因此前景色和背景色的设置将对该组滤镜的效果起决定性作用。

"素描"滤镜组的应用效果如表10-3所示。

表10-3

序号	滤镜名称	选项设置
01	半调图案	用于在保持连续的色调范围的同时，模拟半调网屏的效果，该滤镜可用于设置的选项包括"大小""对比度"和"图案类型"三种
02	便条纸	用于使图像呈现类似于浮雕的凹陷压印图案。该滤镜可用于设置的选项包括"图像平衡""粒度"和"凸现"三种
03	粉笔和炭笔	模拟粉笔和炭笔，重绘图像的高光和中间色调，其背景为粗糙粉笔绘制的纯中间色调，阴影区域用黑色对角炭笔线条替换。炭笔用前景色绘制，粉笔用背景色绘制
04	铬黄渐变	用于将图像处理成好像是磨光的铬的表面。高光在反射表面上是高点，暗调是低点。在其相应的对话框中，"平滑度"用于调节过渡的光滑程度，其参数越高，边缘的像素数量减少就越多。应用此滤镜后，使用"色阶"对话框可以增加图像的对比度
05	绘图笔	用于使用细的、线状的油墨描边以获取原图像中的细节，多用于对扫描图像进行描边。此滤镜使用前景色作为油墨，并使用背景色作为纸张，以替换原图像中的颜色。该滤镜可用于设置的选项包括"描边长度""阴/暗平衡"和"描边方向"三种
06	基底凸现	用于使图像产生浅浮雕式的雕刻状和在光照下变化各异的表面。图像的暗区呈现前景色，而浅色使用背景色。该滤镜主要用于制作粗糙的浮雕效果。其对话框中的"细节"参数在最小值或最大值都能获得较好的效果
07	石膏效果	用于使图像呈现石膏画效果，并使用前景色和背景色上色，暗区凸起，亮区凹陷。该滤镜可用于设置的选项包括"图像平衡""平滑度"和"光照"三种
08	水彩画纸	用于使图像产生好像绘制在潮湿的纤维纸上的渗色涂抹效果，使颜色溢出并混合，是素描滤镜中唯一能大致保持原图色彩的滤镜。该滤镜可用于设置的选项包括"纤维长度""亮度"和"对比度"三种
09	撕边	用于模拟撕破的纸张效果，在其使用过程中会用前景色与背景色为图像着色。对于由文字或高对比度对象组成的图像尤其有用。该滤镜可用于设置的选项包括"图像平衡""平滑度"和"对比度"三种

续表

序号	滤镜名称	选项设置
10	炭笔	用于使图像产生色调分离的、涂抹的炭笔画效果,主要边缘以粗线条绘制,而中间色调用对角描边进行素描。炭笔使用前景色,纸张使用背景色。该滤镜可用于设置的选项包括"炭笔粗细""细节"和"阴/暗平衡"三种
11	炭精笔	用于模拟图像中纯黑和纯白的炭精笔纹理效果。暗部区域使用前景色,亮部区域使用背景色。该滤镜可用于设置的选项包括"前景色阶""背景色阶""缩放"以及"凸现"等
12	图章	用于简化图像,突出主体,使之产生用橡皮或木制图章印章的效果。用于黑白图像时效果最佳。该滤镜可用于设置的选项包括"阴/暗平衡"和"平滑度"两种
13	网状	用于模拟胶片药膜的可控收缩和扭曲的图像效果,从而使图像在暗调区域呈结块状,在高光区呈轻微颗粒化。该滤镜可用于设置的选项包括"浓度""前景色阶"和"背景色阶"三种
14	影印	用于模拟影印图像的效果。大的暗区趋向于只复制边缘四周,而中间色调要么纯黑色,要么纯白色。该滤镜可用于设置的选项包括"细节"和"暗度"两种

10.2.12 "纹理"滤镜

"纹理"滤镜组可以为图像添加深度感或材质感,主要功能是在图像中添加各种纹理。该类滤镜组各滤镜的应用效果如表10-4所示。

表10-4

序号	滤镜名称	选项设置
01	龟裂缝	该滤镜用于模拟龟裂的效果,使用该滤镜可以对包含多种颜色值或灰度值的图像创建浮雕效果。该滤镜包括"裂缝间距""裂缝深度"和"裂缝亮度"三个选项,其中后两个选项的最大值为10
02	颗粒	该滤镜主要用于在图像中创建不同类型的颗粒纹理。该滤镜包括"强度""对比度"和"颗粒类型"三个选项,其中颗粒类型有常规、柔和、喷洒、结块、强反差、扩大、点刻、水平、垂直、斑点
03	马赛克拼贴	该滤镜的应用可使图像看起来是由若干小碎片拼贴组成,其中包括"拼贴大小""缝隙宽度"和"加亮缝隙"三个选项
04	拼缀图	该滤镜用于将图像拆分成多个规则排列的小方块,并选用图像中颜色对各方块进行填充,以产生一种类似建筑拼贴瓷砖的效果。该滤镜包括"方形大小"和"凸现"两个选项,从而能够减小或增大拼贴的深度,以模拟高光和阴影

续表

序号	滤镜名称	选项设置
05	染色玻璃	该滤镜用于模拟透过有色玻璃观看图像的效果。该滤镜包括"单元格大小""边框粗细"和"光照强度"三个选项，通过设置上述选项可以在图像上产生不规则的、分离的彩色玻璃格子
06	纹理化	该滤镜用于为图像添加预设的纹理或自定义的纹理，如砖形、粗麻布、画布等。单击▾≡按钮，就可以从"载入纹理"对话框选择一个PSD文件作为产生纹理的模板

10.2.13 "艺术效果"滤镜

"艺术效果"滤镜组用于模拟现实生活，制作绘画效果或特殊效果，可以为作品添加艺术特色。该类滤镜只能应用于RGB模式的图像。

"艺术效果"滤镜组中各滤镜的应用效果如表10-5所示。

表10-5

序号	滤镜名称	选项设置
01	壁画	该滤镜可用于模拟在墙壁上水彩壁画的效果，其用短、圆与粗略轻涂的小块颜料，以一种粗糙的风格绘制图像。该滤镜包括"画笔大小""画笔细节"和"纹理"三个选项
02	彩色铅笔	该滤镜可用于模拟使用彩色铅笔在纯色背景上绘制图像效果。其中，纯色背景采用工具栏中的背景色，在图像中较平滑的区域显示出来。图像中较明显的边缘被保留并带有粗糙的阴影线外观。该滤镜包括"铅笔宽度""描边压力"和"纸张亮度"三个选项
03	粗糙蜡笔	该滤镜的应用可使图像看上去像是用彩色蜡笔在带纹理的背景上描边，产生一种不平整、浮雕感的纹理。其中，在深色区域，纹理比较明显；而在亮色区域，粉笔看上去很厚，几乎看不见纹理
04	底纹效果	该滤镜根据纹理的类型和色值在图像画面上产生一种纹理描绘的效果。该滤镜包括"缩放""凸现"和"光照"等多个选项
05	干画笔	该滤镜用于模拟使用干画笔技术（介于水彩和油彩之间）绘制图像边缘，通过图像的颜色范围降低至普通颜色范围来简化图像。该滤镜包括"画笔大小""画笔细节"和"纹理"三个选项
06	海报边缘	该滤镜的应用可以自动追踪图像中颜色变化剧烈的区域，并在图像的边缘上绘制黑色线条。该滤镜包括"边缘厚度""边缘强度"和"海报化"三个选项

续表

序号	滤镜名称	选项设置
07	海绵	该滤镜用于模拟现实生活中的海绵，在图像中添加浸湿的效果，从而使图像带有强烈的对比效果。该滤镜包括"画笔大小""清晰度"和"平滑度"三个选项
08	绘画涂抹	该滤镜的应用中，可以选取多种类型和大小（1～50）的画笔来创建涂抹效果。其中，画笔类型包括简单、未处理光照、未处理深色、宽锐化、宽模糊和火花六种
09	胶片颗粒	该滤镜的应用可使图像产生一种布满黑色颗粒的效果。该滤镜包括"颗粒""高光区域"和"强度"三个选项。其中"强度"用于调节颗粒纹理的强度，值越大，亮度强度就越大，否则反之
10	木刻	该滤镜的应用可使图像看起来像是由彩色纸片组成的，是运用版画和雕刻原理处理图像的。该滤镜包括"色阶数""边缘简化度"和"边缘逼真度"三个选项
11	霓虹灯光	该滤镜用于模拟霓虹灯光的效果，将各种类型的发光添加到图像中各对象上，这对于在柔化图像外观时为图像着色很有效。该滤镜包括"发光大小""发光亮度"和"发光颜色"三个选项
12	水彩	该滤镜主要用于模拟水彩画的效果，即以水彩的风格绘制图像，简化图像细节。该滤镜包括"画笔细节""阴影强度"和"纹理"三个选项
13	塑料包装	该滤镜用于模拟在图像中绘制一层发光的塑料，以强调表面细节。该滤镜包括"高光强度""细节"和"平滑度"三个选项
14	调色刀	该滤镜的应用可减少图像中的细节，以生成很淡的画布效果，同时可以显示出下面的纹理。该滤镜包括"描边大小""描边细节"和"软化度"三个选项，其中"软化度"用于调整边缘的模糊程度，若值为0时，边缘呈锯齿状
15	涂抹棒	该滤镜用于模拟手绘效果，即使用短的对角线描边涂抹图像的暗区以柔化图像，以增加图像的对比度。该滤镜包括"描边长度""高光区域"和"强度"三个选项

10.3 外挂滤镜

　　Photoshop滤镜插件也叫外挂滤镜，是由第三方厂商为Photoshop所开发的滤镜，不但数量庞大、种类繁多、功能齐全，而且版本和种类不断升级和更新。通过安装滤镜插件，能够使Photoshop获得更有针对性的功能，所以滤镜插件是Photoshop强大的图像处理武器。

10.3.1 外挂滤镜的安装

与Photoshop内部滤镜不同的是,外挂滤镜需要自行安装。安装外挂滤镜的方法分为两种:一种是进行了封装的外部滤镜,可以让安装程序安装的外挂滤镜;另外一种是直接放在目录下的滤镜文件。

安装被封装的滤镜很简单,只需要在安装时选择Photoshop\Plug-ins的滤镜目录即可,下次进入Photoshop后便可以使用了。

对于直接放在目录的滤镜,需要将该滤镜文件及其附属的一些文件复制到"\Adobe Bridge CS6\Plug-ins"目录下。复制时要注意看一下该滤镜有没有附属动态链接库dll文件或asf文件,如果未将滤镜复制完整,那么将不能正常使用该滤镜。另外,在复制单个滤镜文件前,要先记下其文件名,如果下次进入Photoshop后不能正常使用的话,就可以将其删除掉,以节省硬盘空间。

10.3.2 外挂滤镜的使用

外挂滤镜安装完成后,启动Photoshop CS6应用程序,在"滤镜"菜单下,可以找到之前安装的外挂滤镜,这时就可以应用此滤镜了。图10-82所示为应用"邮票"外挂滤镜的效果。

图10-82

在此以KPT滤镜为例介绍其中的几种滤镜效果。

1. Channel Surfing

该滤镜允许单独对图像中的各个通道进行效果处理,如模糊或锐化所选中的通道,也可以调整色彩的对比度、色彩数、透明度等各项属性。这一滤镜对于各种效果混合的图像尤其有效。

2. Fluid

该滤镜可以在图像中加入模拟液体流动效果,如扭曲变形效果等。可以运用在如带水的刷子刷过物体表面时产生的痕迹。同时可以设置刷子的尺寸、厚度，以及刷过物体时的速率，使得产生的效果更加逼真。更令人惊叹的是，这一滤镜还有视频功能，能将这一效果输出为连续的动态视频文件，使原本静止的图片变成直观的电影效果。

3. Gradient Lab

使用此滤镜可以创建不同形状、不同水平高度、不同透明度的复杂色彩组合，并运用在图像中，也可以自定义各种形状、颜色的样式，并能够存储，方便以后调用。

【拓展实训】

拓展实训1：制作冰效字

设计要领

（1）设计背景图像。

（2）使用文字蒙版工具输入文本内容。

（3）填充文字并利用滤镜功能进行编辑处理。

（4）处理图像的色彩与色调，使其更加融洽。

最终效果如图10-83所示。本实训文件在"资料\素材文件\第10章"目录下。

图10-83

拓展实训2：制作木质纹理效果

设计要领

（1）依次利用"添加杂色""动感模糊"等滤镜进行设置。

（2）利用"色相/饱和度"功能调整图像。

（3）利用"液化"命令对图像进行变形处理。

（4）设置曲线参数，调整图像亮度。

最终效果如图10-84所示。本实训文件在"资料\素材文件\第10章"目录下。

图10-84

第11章 水印效果设计

内容概要：

随着Photoshop软件的不断更新升级，新版本中的动作和自动化应用越来越受用户的青睐。这是因为利用该智能化、自动化功能，可以使软件本身自动完成一些复杂的或重复性的操作任务，从而在很大程度上提高设计者的创作效率。

课时安排：

理论教学2课时
上机实训4课时

知识要点：

- "动作"面板
- 动作的应用
- 编辑动作预设
- 自动化工具的应用

课程思政：

民族复兴的宏伟目标令人鼓舞，催人奋进。我们要只争朝夕，坚定历史自信，增强历史主动，坚持守正创新，保持战略定力，发扬斗争精神，勇于攻坚克难。不断为强国建设、民族复兴伟业添砖加瓦、增光添彩。

实训效果图：

批量添加图片水印

📺 实训描述

在向朋友圈或网页中上传图像时，通常都会为其添加水印，以达到预期的宣传目的。如果一张张添加水印势必会很繁琐，在此将介绍一种自动添加水印的方法。

📺 实训文件

本实训素材文件和最终文件在"资料\素材文件\第11章"目录下，本实训的操作视频在"资料\操作视频\第11章"目录下。

📺 实训详解

本实训的实现过程主要使用了"动作"面板，下面将对本实训的制作过程进行详细讲解。

STEP 01 执行"文件"→"打开"命令，打开图像素材，如图11-1所示。

图11-1

STEP 02 执行"窗口"→"动作"命令，打开"动作"面板，单击面板底部的"创建新组"按钮 ▢，打开"新建组"对话框，设置名称后单击"确定"按钮，如图11-2所示。

图11-2

STEP 03 单击"动作"面板底部的"创建新动作"按钮，打开"新建动作"对话框，输入名称，单击"记录"按钮，如图11-3所示。

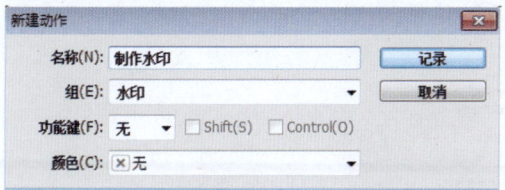

图11-3

STEP 04 此时"动作"面板开始记录动作，如图11-4所示。

STEP 05 选择横排文字工具，输入文本，如图11-5所示。

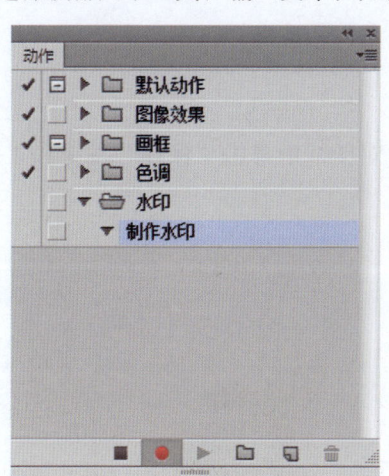
图11-4

图11-5

STEP 06 选择文本，调整文本大小及位置，并设置不透明度为45%，如图11-6所示。

STEP 07 单击"动作"面板底部的"停止播放/记录"按钮，停止记录，如图11-7所示。

图11-6

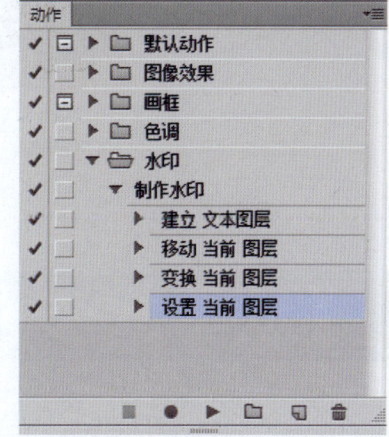
图11-7

STEP 08 执行"文件"→"自动"→"批处理"命令，打开"批处理"对话框，设置参数，选择文件路径，如图11-8所示。

图11-8

STEP 09 单击"确定"按钮,此时在相继弹出的对话框中单击"保存"按钮和"确定"按钮,软件会自动对图像进行处理,如图11-9所示。

图11-9

【从零起步】

11.1 动作与"动作"面板

利用"动作",可以将一个常用的操作记录下来反复使用,有效提高工作效率。本节将对动作及"动作"面板的相关知识进行介绍。

1. 动作

动作是指完成某个特定任务的一组操作命令集合，是用于管理执行过的操作步骤的一种工具，可以把大部分操作、命令及命令参数记录下来，以便在执行其他相同操作时使用，从而提高工作效率。

在Photoshop中，大多数命令和工具操作都可以记录在动作中。但它也有无能为力的时候，以下为不能被直接记录的命令和操作。

- 使用钢笔工具手绘的路径。
- 使用画笔工具、污点修复画笔工具和仿制图章工具等进行的操作。
- 选项栏、面板和对话框中的部分参数。
- 窗口和视图中的大部分参数。

2. "动作"面板

使用"动作"面板可以完成Photoshop中对动作的各种操作。执行"窗口"→"动作"命令，或者按Alt+F9组合键，即可打开"动作"面板，如图11-10所示。

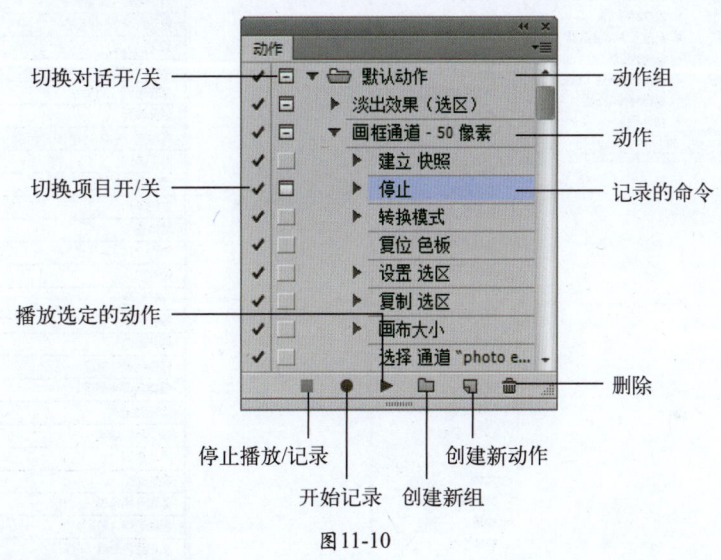

图11-10

下面将对面板中的动作和按钮进行详细介绍。

- 动作组：默认情况下，仅"默认动作"一个组出现在面板中，其功能与图层组的相同，用于归类动作，单击面板底部的"创建新组"按钮 ，即可创建一个新的动作组，打开"新建组"对话框，从中可设置新创建的动作组名称。
- 动作：单击动作组前面的三角形图标 ，展开该动作组，即可看到该组中所包含的具体动作。这些动作是由多种操作构成的命令集。
- 操作命令：单击动作前面的三角形图标 ，展开该动作，即可看到动作中所包含的具体命令。这些具体的操作命令位于相应的动作下，是在录制动作时系统根据不同操作所作出的记录，一个动作可以没有操作记录，也可以有多个操作记录。
- "切换对话开/关"按钮 ：用于选择在动作执行时是否弹出各种对话框或菜

单。若动作中的命令显示该按钮,表示在执行该命令时会弹出对话框,以供设置参数;若隐藏该按钮时,表示忽略对话框,动作按先前设定的参数执行。
- "切换项目开/关"按钮✓:用于选择需要执行的动作。关闭该按钮,可以屏蔽此命令,使其在动作播放时不被执行。
- 按钮组 ■ ● ▶:这些按钮用于对动作的各种控制,从左至右各个按钮的功能依次是停止播放/记录、开始记录、播放选定的动作。

在认识了"动作"面板后,也要了解"动作"面板的菜单命令,单击"动作"面板右上角的下三角按钮,会弹出"动作"面板菜单,其中的各个命令用于对动作进行操作,包括复制动作、插入停止等操作,如图11-11所示。从面板菜单中执行"按钮模式"命令,可将每个动作以按钮的状态显示,这样就可以在有限的空间中列出更多的动作,以简单明了的方式呈现,如图11-12所示。

图11-11

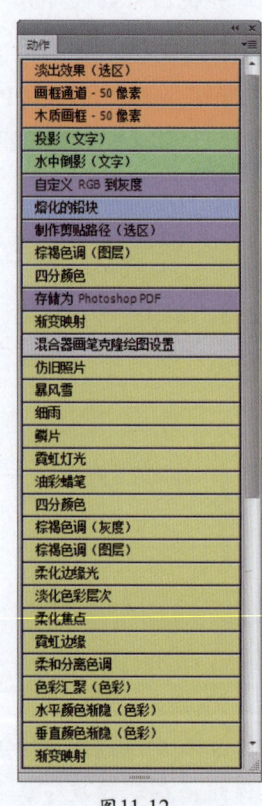

图11-12

11.2 应用动作

"动作"功能可以将一系列的操作命令组合成一个单独的动作,执行这个动作就相当于执行这一系列的操作命令,而且可以重复使用,使执行任务自动化。

11.2.1 应用预设

应用预设是指将"动作"面板中已录制的动作应用于图像文件或相应的图层上。具体的方法是：选择需要应用预设的图层，在"动作"面板中选择需执行的动作，然后单击"播放选定的动作"按钮，即可运行该动作。

除了默认动作组外，Photoshop还自带了多个动作组，每个动作组中包含了许多同类型的动作。在"动作"面板中单击右上角的按钮，在弹出的面板菜单中选择相应的动作，即可将其载入到"动作"面板中。这些可添加的动作组包括命令、画框、图像效果、LAB-黑白技术、制作、流星、文字效果、纹理和视频动作。

如果软件自带的动作无法满足工作需要，可根据实际情况，自行录制合适的动作。

STEP 01 打开"动作"面板，单击面板底部的"创建新组"按钮，打开如图11-13所示的"新建组"对话框，输入动作组名称，单击"确定"按钮。

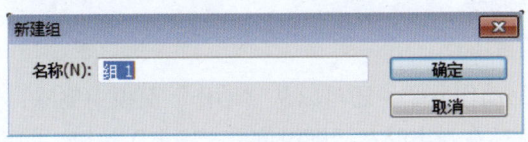

图11-13

STEP 02 在"动作"面板中单击"创建新动作"按钮，打开"新建动作"对话框，输入动作名称，如图11-14所示。

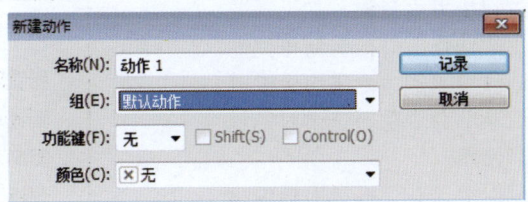

图11-14

STEP 03 选择动作所在的组，在"功能键"下拉列表框中选择动作执行的快捷键，在"颜色"下拉列表框中为动作选择颜色，完成后单击"记录"按钮。此时"动作"面板底部的"开始记录"按钮呈红色状态。软件则开始记录用户对图像所操作过的每一个动作，待录制完成后，单击"停止"按钮即可。

> **提 示**
>
> 若要停止记录，可单击"动作"面板底部的"停止播放/记录"按钮。记录完成后，单击"开始记录"按钮，仍可以在动作中追加记录或插入记录。

11.2.2 编辑动作预设

记录完成后，用户还可以对动作下的相关操作命令进行适当调整编辑，让动作预设更符合自身的需要。如果需要重新编辑一个动作，只需要双击该动作就可以重新进行编辑。

在"动作"面板中，将命令拖动至同一动作或另一动作中的新位置，可以重新排列动作的位置。若创建的动作类似于某个动作，则不需要重新记录，只需选择该动作，执行面板菜单中的"复制"命令，或在按住Alt键的同时进行拖动（如图11-15所示），均可快速完成复制操作，如图11-16所示。

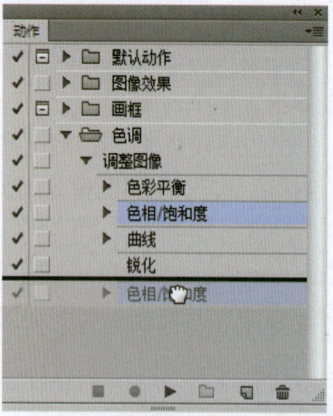
图11-15

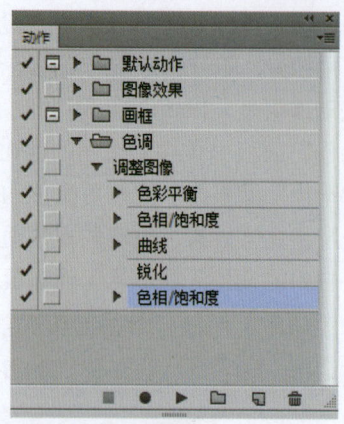
图11-16

对于多余的不需要的动作命令,还可以从"动作"面板中删除:选择相应的动作命令后单击"删除"按钮,然后在弹出的对话框中单击"确定"按钮,即可实现删除操作。

提 示

如果在记录动作的过程中发生错误,并不需要一切重新开始,可以利用"动作"面板重新排列动作中的命令,或者是在动作中添加命令来编辑该动作,也可以利用"再次记录"命令重新记录对话框内的特定选项,如图11-17所示。

如果在记录动作的同时更改对话框或面板中指定的设置,则会记录更改的值。完成动作的记录、修改之后,就可以对多个图像重复同样的操作了。即使重新启动Photoshop后,记录的动作仍然会保留在"动作"面板内。

如果对动作的效果不满意需要返回原来的状态时,可以通过"历史记录"面板还原动作的播放,恢复图像原来的状态。

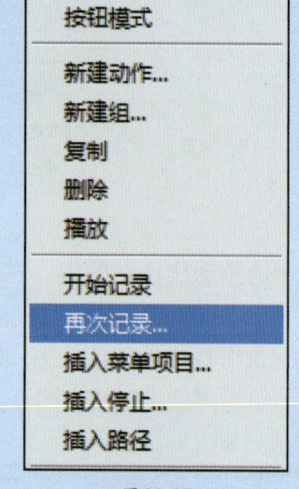
图11-17

11.3 自动化工具

在Photoshop CS6中包含了一些内建的自动化工具,这些工具用于执行公共的制作任务,如操作批处理等。其中一些工具适合于在动作中使用,熟练掌握这些自动化命令,能够提高工作效率。

11.3.1 批处理图像

"批处理"命令可以对一个文件夹中的文件应用动作,在执行命令之前应该确定将要处理的图片存放在同一个文件夹内。

动作在被记录和保存之后，执行"文件"→"自动"→"批处理"命令，打开"批处理"对话框，如图11-18所示，从中可以对多个图像文件执行相同的动作，从而实现图像自动化处理操作。

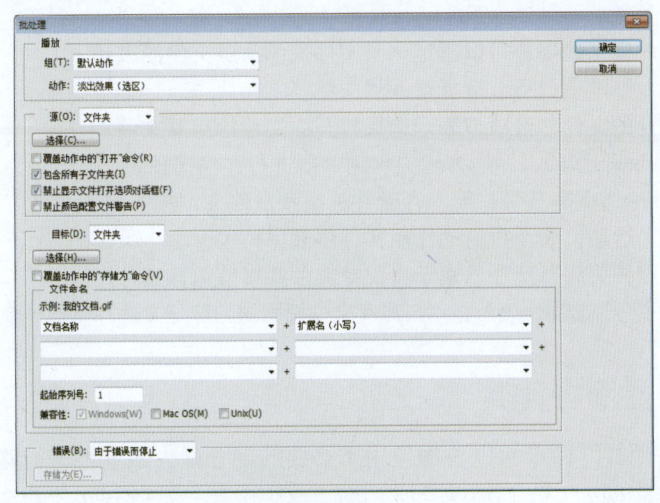

图11-18

"批处理"对话框中主要选项的含义如下。

- 组：显示"动作"面板中的所有动作组，选择需要使用的动作组。
- 动作：显示在"组"列表框中选定的动作组中的所有动作。
- 源：选择图片的来源，即：在执行动作时是通过文件夹，还是打开的文件。
- 目标：用于设置执行动作后文件保存的位置（目的地）。
- 文件命名：指定文件命名规范，并选择处理文件的文件兼容性选项。通过下拉列表选择名称规则，或在名称栏中输入文本。
- 错误：用于指定批处理出现错误时的操作。选择"由于错误而停止"选项，则批处理出现错误时提示信息，并终止往下执行；选择"将错误记录到文件"选项，则批处理出现的错误信息被记录下来，并保存到文件夹中，选择此项时不会终止程序往下执行。

"动作"面板中有一些预设的动作非常实用，如图11-19和11-20所示为选择"木质画框-50像素"动作批处理文件的效果。

图11-19

图11-20

> **提示**
>
> 在"批处理"对话框中,设置源文件的选择有四种:文件夹、导入、打开的文件和Bridge,具体如下所述。
> - 选择"文件夹"选项,可以指定一个文件夹作为源文件的来源。
> - 选择"导入"选项,可以选择置入的文件。
> - 选择"打开的文件"选项,表示选择打开的文件作为源文件。
> - 选择"Bridge"选项,则会弹出文件浏览器进行文件选择。
>
> 设置目标文件的选择有三种:无、存储并关闭和文件夹,具体如下所述。
> - 选择"无"选项,表示执行动作后文件依然保持打开。
> - 选择"存储并关闭"选项,表示将存储文件并覆盖原始文件。
> - 选择"文件夹"选项,表示将用与原有文件相同的名称把文件存储到一个新的文件夹中。

11.3.2 裁剪并修齐照片

"裁剪并修齐照片"命令可以将图像中不必要的部分最大限度地进行裁剪,还可以自动调整图像的倾斜度。例如,在扫描图片时扫描了多张图片,可以利用"裁剪并修齐照片"命令将扫描的图片从大的图像分割出来,并生成单独的图像文件。

执行"文件"→"自动"→"裁剪并修齐照片"命令,系统会自动将在同一幅图像上的4张照片裁剪为单独的照片图像,并以其图像的副本加序号的方式进行命名。

> **提示**
>
> 在使用"裁剪并修齐照片"命令前需预先确定各照片之间的间距,其间距必须大于或等于3mm。如果间距太小,Photoshop CS6会把两幅照片视为同一张照片,从而无法完成裁剪操作。

11.3.3 镜头校正

在Photoshop软件中,自动镜头校正功能可以自动校正镜头扭曲、色差和晕影。执行"文件"→"自动"→"镜头校正"命令,可打开"镜头校正"对话框,如图11-21所示。

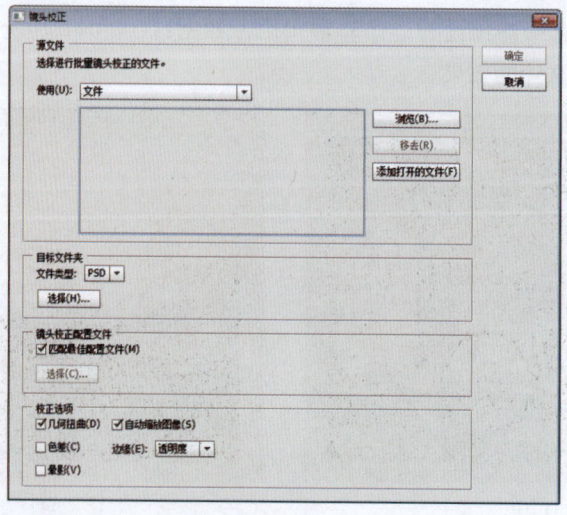

图11-21

该对话框中"校正选项"区中各选项的含义如下。
- 几何扭曲：使图像呈几何图形扭曲。
- 自动缩放图像：自动对图像的视图大小进行调整。
- 色差：调整图像交界处的颜色。
- 边缘：指定如何处理由于校正枕形失真、旋转或透视效果而产生的空白区域。
- 晕影：指由相机镜头引起的图像四周出现的晕影。

11.3.4　Photomerge命令的应用

由于受广角镜头的制约，有时使用数码相机拍摄全景图像会变得比较困难。在新版本软件中使用"Photomerge"命令，可以将照相机在同一水平线拍摄的序列照片进行合成。该命令可以自动重叠相同的色彩像素，也可以指定源文件的组合位置，系统会自动汇集为全景图。全景图完成之后，仍然可以根据需要更改个别照片的位置。

执行"文件"→"自动"→"Photomerge"命令，打开"Photomerge"对话框，如图11-22所示。单击"添加打开的文件"按钮，完成后单击"确定"按钮。此时软件自动对图像进行合成。

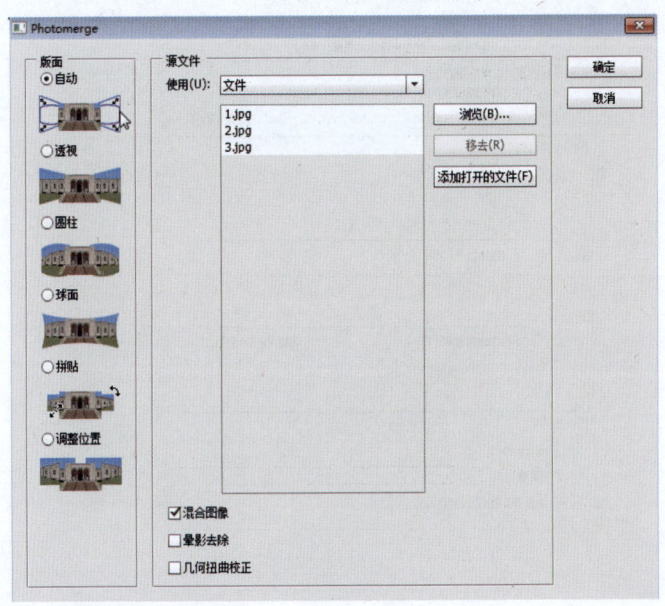

图11-22

在该对话框中，各选项的含义介绍如下。
- 版面：用于设置转换为全景图片时的模式。
- 使用：包括文件和文件夹。选择文件时，可以直接将选择的文件合并图像；选择文件夹时，可以直接将选择的文件夹中的文件合并图像。
- 混合图像：勾选该复选框，执行"Photomerge"命令后，会直接套用混合图像蒙版。
- 晕影去除：勾选该复选框，可以校正摄影时镜头中的晕影效果。
- 几何扭曲校正：勾选该复选框，可以校正摄影时镜头中的几何扭曲效果。

- "浏览"按钮：单击该按钮，可以选择合成全景图的文件或文件夹。
- "移去"按钮：单击该按钮，可以删除列表中选中的文件。
- "添加打开的文件"按钮：单击该按钮，可以将软件中打开的文件直接添加到列表中。

11.3.5 图像处理器的应用

使用图像处理器能快速地对文件夹中图像的文件格式进行转换，节省工作时间。执行"文件"→"脚本"→"图像处理器"命令，打开"图像处理器"对话框，如图11-23所示。

在"选择要处理的图像"选项区中单击"选择文件夹"按钮，在打开的对话框中指定要处理图像所在的文件夹位置。在"选择位置以存储处理的图像"选项区中单击"选择文件夹"按钮，在打开的对话框中指定存放处理后图像的文件夹位置。在"文件类型"选项区中取消勾选"存储为JPEG"复选框，勾选相应格式的复选框，完成后单击"运行"按钮，此时软件将自动对图像进行处理。

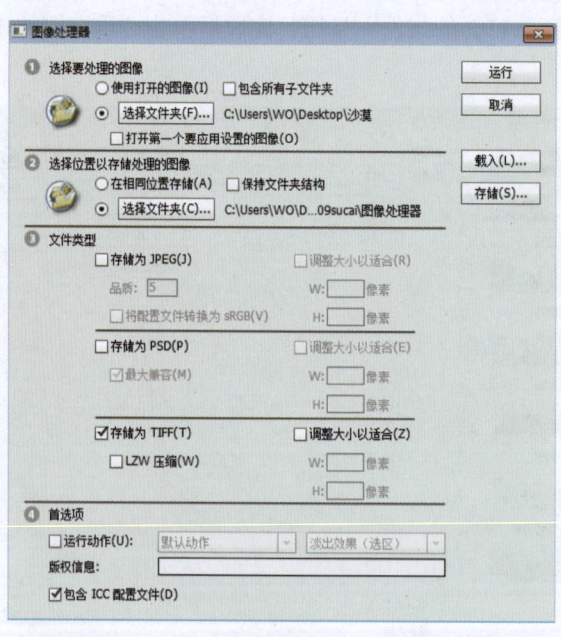

图11-23

提示

在打开的"图像处理器"对话框的"文件类型"选项区中，可同时勾选多个文件类型的复选框，此时运行图像处理器将同时将文件夹中的文件转换为多种文件格式的图像。

11.3.6 条件模式更改

在Photoshop CS6中，使用"条件模式更改"命令可以将当前选取的图像颜色模式转换为自定颜色模式。执行"文件"→"自动"→"条件模式更改"命令，打开"条件模式更改"对话框，如图11-24所示。

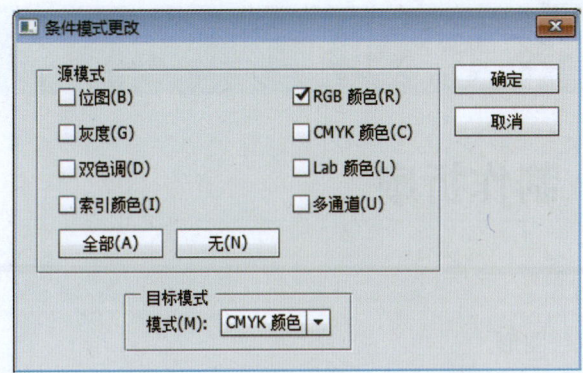

图11-24

该对话框中各选项区的含义介绍如下。
- "源模式"选项区：用于设置将要转换的颜色模式。
- "目标模式"选项区：用于设置图像的目标颜色模式。

【拓展实训】

拓展实训1：制作折扇

设计要领

（1）绘制单个木纹图形。
（2）打开"动作"面板，新建"扇形"动作。
（3）在"动作"面板中，播放选定动作。
（4）查看并保存图形。
最终效果如图11-25所示。本实训文件在"资料\素材文件\第11章"目录下。

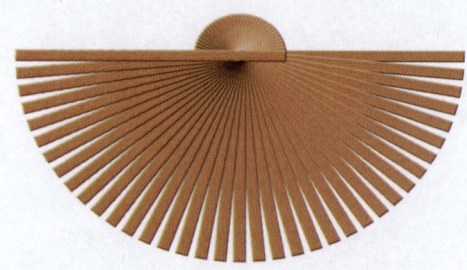

图11-25

拓展实训2：合成广角镜头下的图像

设计要领

（1）打开图像素材。
（2）利用Photomerge功能，合成图像。
（3）使用裁剪工具将多余的部分删除。
（4）保存图像并输出。
最终效果如图11-26所示。本实训文件在"资料\素材文件\第11章"目录下。

图11-26